世之奇伟、瑰怪、非常之观，常在于险远而人之所罕至焉，故非有志者，不能至也。

——（北宋）王安石

# DREAMING IN CHANG'AN
## Record of the Exhibition of Zhang Jinqiu's Architecture Works

# 长安寻梦
## ——张锦秋建筑作品展实录

赵元超 主编

中国建筑工业出版社

# 序

　　两院院士吴良镛在二十五年前的《从传统走向未来》一书的序中对张锦秋院士的创作曾作过精辟的评述：她的创作有理论、有体系、注重中国传统文化的挖掘，但又面向未来。这是对张锦秋创作最全面、最权威的支持和肯定。吴良镛院士引用王安石的诗句："世之奇伟、瑰怪、非常之观，常在于险远而人之所罕至焉，故非有志者，不能至也"，勉励张锦秋院士的坚持和坚守。

　　二十五年后，张锦秋在陕西这片黄土地上硕果累累。她是我国第一批建筑大师，第一批中国工程院院士，第一届梁思成奖获得者，建筑界第一位何梁何利基金科学技术成就奖获得者，第一位名字被用于小行星命名的建筑师。澳门设计师联合会授予她终身成就奖；西安市把最高成就奖颁发给这位为西安城市作出卓越贡献的建筑师，并请她出任城市的形象大使；陕西省把科技成就奖授予这位在黄土地上耕耘的建筑师。这在中国建筑界虽不能说绝无仅有，但绝对少见。

　　人生常常用五十来划分界限，人过半百，往往内心更加平实，追求人生的本质，从喧嚣的尘世中摆脱出来，更加自由自在，从容不迫，宁静致远，在看似平凡中彰显灿烂，于淡泊之中透出追求，达到人生的新境界。不以物喜，不以己悲，不论建筑的大小，而完全按自己对建筑的理解、按自我的兴趣来完成设计。我记得张先生十几年前设计过净业寺的山门，一个只有十几平方米的小品建筑，却格外认真。建筑设计是一个被动的职业，能物我两忘，主客合一，这一境界非一般建筑师能达到。

　　1966 年，张锦秋院士只身来到这片她并不熟悉的黄土地。如今，她用她的成就兑现了为祖国努力工作五十年的承诺。她今年恰好八十大寿，我想有八十年的人生体验，五十年的职业经历，一定有诸多体会，一定有大彻大悟，一定有许多对于城市、建筑和设计真谛的领悟，如果能把这些鲜活的体验奉献给普罗大众，将是一笔丰厚的遗产。

　　巴西建筑师尼迈耶把自己的才华贡献给了里约。今年奥运会的开幕式，就有一个关于里约建筑的片段，这是把建筑作为一个城市的遗产，是对建筑师最好的纪念。巴塞罗那同样也纪念为这个城市作出贡献的设计师高迪。相比之下，也许张锦秋院士对一个城市的贡献更大：她为西安树立了一系列的标志性建筑，为西安城市规划和建筑设计的系列原则和方法出谋划策，为西安名城保护和特色彰显发挥了引领作用，为中国建筑现代化作了有益的探索，为中国建筑文化复兴作出了卓越贡献。

作为她的学生和助手，我觉得有责任为她举办一次建筑作品展，全面系统地展示她创作的态度、设计的方法、建筑成就和建筑思想以及建筑人生，把她的人生体验和创作历程生动地展示给大家。我希望透过展览能够重新审视建筑的规律，展现建筑创作的责任，唤起全社会对设计师的尊重。这既是对建筑师生涯最好的庆祝，也是这个城市对建筑师的礼赞和褒奖。

建筑师常常抱怨社会对建筑创作不理解，但却很少就建筑设计与社会进行沟通和交流，我们看到，国内展览大多是美术、书法和文物等方面内容，很少有建筑展、设计展。因此最广泛地与公民对话，是本次展览的目的之一。社会发展必然造就公民社会，也会造就公民建筑。本次展览的一个重要内容就是用最直接的方式与老百姓对话，向大众述说什么是好建筑。参观的过程也是一次建筑感受和建筑教育的过程，是一个全面提高公民建筑素质教育的过程。让建筑赞美生活，让公众品评，让建筑师和公众知道"钢铁"是怎样炼成的，也为全面建筑师负责制的建立营造一个公众平台。

举办这次展览的另一个意图就是坚定西安城市建筑的正确方向，加强文化自信和文化自觉。长期以来，社会和建筑在争议中前行，相当一部分当政者、投资人和建筑师对西安未来的发展方向充满矛盾甚至纠结。他们没有认识到城市自身的价值，宁愿跟着别人亦步亦趋，宁肯模仿西方的舶来品，习惯于让西方来肯定自己，致力于与中国传统划清界限，缺乏文化自信和独立思考，把自身传统文化一概称为假古董。对和谐建筑理论，对传统与现代结合的创作思想，并不是都接受。在这样的氛围下，许多建筑师不敢高举地域建筑的大旗，盲目以追新为建筑的目的，结果给城市造成了难以愈合的伤疤。

城市建设是一个历史范畴，应该心平气和地处理好现代与传统、创新与继承、激进与保守等关系。一些建筑师最担心的是怕别人说没有创新，而并不关心城市的和谐，常常把西方的评判标准生搬硬套在我们的城市中，如同当下流行的电影、文学、美术创作面临的问题。我们回过头来仔细考量张锦秋的建筑作品，历经了几十年依然是这座城市最好的建筑，依然是经典。通过这次展览，我们希望决策者、建筑师和公众了解这些作品诞生的过程，以时间检验的标准来重新思考这些问题，希望各界凝聚共识，坚定、坚守西安城市的特色之路。

薪火传承，共识凝聚。西安是一个建筑师可以奉献一辈子的城市，需要我们有一个共同的价值观和理想。罗马非一日建成，但长安可能毁于一旦。需要当政者和建筑师秉承特色城市与和谐建筑的共识，几代人共同把这座和罗马媲美的东方古都建设好。

通过展览，我们希望让历史告诉未来，让长者告诉来者，也希望后来者能从张锦秋院士的人生经历中体会到她成功的奥秘。而本书的目的在于真实地记录这次展览，让更多的人看到它。

建筑师是一个可以老有所为的职业，它要求从业者有对生活的总结，有丰厚的人生体悟。建筑师的关键在于对事物的准确把握与精确定位。五十知天命，所谓知天命，我想是明白了人生的真谛，大彻大悟。我也是年过半百的建筑师，对建筑、对设计，我不敢说是大彻大悟，但我想张院士对每一个设计比我们有更多的思考。她理解上天的使命，最终悟到建筑的本质，能站在非常的高度思考一个城市的命运和建筑的前世"后生"。

梁思成是中国建筑现代化的奠基者，董大西是中国固有建筑复兴倡导和实践的第一人。张锦秋院士能在一个地域坚持创作，五十年来秉承中国建筑文化复兴的使命，坚守一条道路，难能可贵。为了这种情怀，文丘里在"'张锦秋星'命名仪式"上给张院士的信中写道："此时此刻我们的心与你同在西安"。

中国建筑现代化的历程很短，我们对建筑的认识也相对肤浅，大多是从形式中来，走不到内涵中去。而在张院士的作品中，我们看到了建筑与城市，建筑与环境，建筑与人文的密切深入关系，看到建筑中人的活动和空间。建筑的形式，只是诗词的曲牌和范式，她的建筑无疑属于现代建筑的范畴。

　　一个建筑师的作品有一个完整的展览，是其莫大的荣誉；一个建筑师的展览能在她的作品中进行展示，则更加荣耀。本次展览的地点选择了陕西历史博物馆——这是张院士 30 年前的作品。今年恰逢陕博开馆 25 年，陕博又被评为中国 20 世纪经典建筑。这是一种历史的机缘。参观展览的过程也是再次品味建筑的过程，在开幕式的当天又举行了建筑师之夜的联欢活动，如同一次行为艺术，更加深了参与者对建筑作品的理解。

　　20 世纪 80 年代，百废待兴，在资源有限的条件下，建设了一系列文化建筑。陕西历史博物馆就是其中之一，相继还有很多。在 25 年后重读陕西历史博物馆，它的形象已深深印入我们的脑海。它是长安文化的一部分，是西安的标志。我们以今天的目光来审视，它仍是一座国家级的现代化博物馆，发挥着对外交流和传播中华文化的重大作用。我们佩服张院士的长远眼光，这是一个建筑师的作用，是设计的力量和价值。可以说，张锦秋院士建筑作品展虽然是一个建筑师的个人作品展，但它也是西安城市改革开放四十年城市建设史的缩影。

　　中华民族复兴的伟大事业，任重道远。中华文化的发掘和复兴，需要几代人前赴后继。展览的过程本身就是一次学习和传承的过程。很多年轻的建筑师参与了此次展览的全过程，对他们来说，这也是一次中国建筑文化再教育的洗礼。我想：这是一次播种，一次对话。

　　"一带一路"的战略使中国重返世界的中心，其核心是文化的交流和融合。中国工程院为此在西安召开了建筑发展研讨会，并将张锦秋建筑作品展列入这次活动议程，张锦秋院士结合自己的体会和最新创作在研讨会上作了题为《源于自我，属于世界》的主题演讲，她把自己的创作放在一个世界的坐标体系中进行阐述。中华文化是世界文化之林中唯一没有断代的具有悠久历史的文化，当中国在政治、经济上站立起来的时候，应该有一个平等对话的身份。我们不能设想：一个民族没有自己的思想，没有自己的文化和新的建筑文化。张锦秋院士的系列作品和建筑思想，填补了我们的缺憾。重回世界中心，重拾话语权，这也是本次展览的一个重要目的。密斯的巴塞罗那展览馆宣布了一个新世纪的到来，约翰逊在纽约举办的两次建筑展览都引导了世界性的潮流。我们无意和这些世界性的展览相提并论，但通过这次展览要表明我们的态度和追求。

西安是中国文化的发祥地，中国最辉煌的周秦汉唐时代曾定都于此，这是中国城市建筑文化的故乡，理应对中华文化的复兴作出更大的贡献。西安城市规划展览馆决定本次展览的全部内容在陕西历史博物馆展览完成后转移到新扩建的展厅做永久的展示，意在让张院士开辟的"和谐建筑"之路发扬光大。

作为职业建筑师，张锦秋院士曾经有一个梦想，就是她所设计的建筑能够传诸后世。如今她亲手设计的一系列建筑都已成为西安新的地标，有的已经成为新的建筑遗产。吴良镛院士在给西安规划题词中预祝："长安寻梦，让西安模式在探索中成为现实"。建筑师是一个爱做梦的浪漫之人，同时也是一个需要脚踏实地的坚守之人。如今，她梦已成真。

在展览策划与整个展览过程中，我也在思考和试图解答这样一个问题：建筑界群星灿烂，其中才华横溢者，勤奋努力者，前途无量者，都不在少数，但历史为什么选择了张锦秋？我的理解是：她是从清华园中走出的文化巨匠，是一位全面而完美的建筑师，是意志坚定、心存高远的工匠，是既能看到远方又能找到家园的智者。我也希望读者能在字里行间找到答案。

在 2015 年"张锦秋星"命名仪式上，在唐大明宫丹凤门上，我和许多来自全国各地的建筑师眼含激动的泪花见证了一个历史时刻，一个以建筑师名字命名的星辰闪耀在浩瀚的宇宙之中，那一刻我们感受到作为建筑师的伟大和自豪。张锦秋院士为中国建筑师树立了榜样，总有一天，中国建筑会迎来更灿烂的春天。

天上的星有很多种。我们见多了建筑界的"流星"，跟风追雨，昙花一现；巨匠式建筑师则多是"行星"，他们也围绕某个星球旋转；张院士正似一颗"行星"，但其运行是有自己的方向和规则的。这需要自我有强大的动能。

　　张锦秋院士已是耄耋之年，但仍坚持在创作第一线，笔耕不辍，我们祝愿她为这片她所挚爱的土地再献新篇。

赵元超

2016.12.12

# 目录
## Contents

# 开展之日
## THE BEGINNING OF EXHIBITION

2016 年 9 月 25 日 "张锦秋院士建筑作品展" 开幕式

熊中元主持

2016 年 9 月 25 日，由中国工程院土木、水利与建筑工程学部，中建设计集团，陕西省文物局主办，中国建筑西北设计研究院有限公司（以下简称中建西北院）、陕西历史博物馆承办，西安建筑科技大学，西安市规划院，陕西省土木建筑学会协办，中建西北院总建筑师赵元超策划的 "张锦秋院士建筑作品展" 在陕西历史博物馆举办盛大的开幕式，开始了为期一个月的对外公共展出。这是一场建筑界的盛会，更是一次 "弘扬建筑文化、激励创新精神" 的文化之旅。

25 日下午，陕西历史博物馆主庭院内绿树如荫，金桂飘香，原本有些阴沉的天气突然放晴。张锦秋院士准时到达现场，精神矍铄地接待了从各地赶来的参会嘉宾。她那慈祥而坚定的神情、标志性的灰白色发髻、黑白搭配的中式套装，与陕西历史博物馆典雅的气质相得益彰，谈笑风生之间，尽显大家风范。

下午三点三十分，在中建西北院院长熊中元的主持下，展览开幕式拉开帷幕。陕西省副省长庄长兴，中国工程院副院长徐德龙，中建设计集团董事长毛志兵，中国工程院院士何镜堂、王小东、崔愷、刘加平、王建国、孟建民、肖绪文，中国科学院院士常青，全国工程勘察设计大师梅洪元、庄惟敏、张宇，中国勘察设计协会副理事长

开幕式现场

王树平，西安市副市长聂仲秋，陕西省建设厅厅长杨冠军，陕西省科技厅、文物局、西安市市政府以及勘察设计协会、各大专院校、陕西省建筑设计院的有关代表出席了这次活动。开幕式屏幕依高台而立，在博物馆廊宇的环抱下，两百多名嘉宾面主楼列席而坐。这是我国第一次在国家级博物馆举行一个建筑师的个人作品展，并且此馆还是其代表作，这种盛况在中外建筑界都不多见。

陕西省副省长庄长兴首先代表陕西省人民政府，对建筑作品展的成功举办，对张锦秋院士所取得的辉煌成就表示祝贺，他认为：

"张锦秋院士是当代中国著名的建筑设计大师，建筑设计领域的领军人物，建筑工程界杰出的科学家。她的设计思想始终坚持探索建筑传统与现代相结合，闪烁着中华传统文化智慧，呈现出科技创新与艺术创作的完美结合，代表了当代中国建筑设计创作的主流价值取向。"

"张锦秋院士在陕西工作的50年，以设计精品奉献陕西，以家国情怀报效国家。她所设计创作的陕西历史博物馆、黄帝陵祭祀大殿、大唐芙蓉园、延安革命纪念馆、唐大明宫丹凤门遗址博物馆以及世园会等一系列恢宏而又精湛的建筑作品，开创了'延

庄长兴致辞

徐德龙致辞

续盛唐文化、重振东方之都'的中国建筑唐韵新风。"

"张锦秋院士的城市建筑作品具有鲜明的地域特色和文化特色，注重将规划、建筑、园林融为一体，浸透着源远流长的中华文化，彰显着追求卓越的时代精神，创作出大量具有'和合'之美的城市建筑。城市的灵魂在于文化，文化的载体在于建筑，建筑的魅力在于特色。张锦秋院士就是这一理念的倡导者和实践者，她通过坚持不懈的创作，为保护和弘扬西安的古老风貌作出了卓越贡献。"

对于这次展览，他也表达了自己的肯定和期许："当前，陕西正处于'一带一路'建设的战略机遇期，如何走出一条独具中国特色的现代城市发展之路，是每一个城市设计者、规划者、建设者、管理者共同的历史责任与使命。这次张锦秋院士建筑作品展，对于我们重新认识和构建城市建筑文化，增强中华建筑文化自信与自觉，建设我们共同的美好家园意义重大……通过这次展出，让更多的市民走进历史、走进建筑，成为城市发展的共同建筑者。希望更多建筑工作者、城市工作者、科技工作者学习张锦秋大师的工匠精神、意匠精神，汲取大师智慧，传承优秀文化，不断探索创新，尊重城市发展规律，践行'五大发展理念'，多出精品，为建设美丽陕西、建设西安国际化大都市添砖加瓦，共写中华建筑新篇章。"

中国工程院副院长徐德龙在致辞中也说道：

"张锦秋院士建筑作品展、'张锦秋星'命名、《天地之间——张锦秋建筑思想集成研究》发布等，无不彰显着中华文化自觉自信的回归。"

"张锦秋院士是我国建筑工程界杰出的科学家和建筑设计师，为我国建筑工程科技事业苦心笃志，通过她的构思，凭借深厚的历史修养，在现代建筑的多元探索、古迹的复建与历史名城的保护等方面孜孜不倦地探索，提出'天人合一'、'和谐建筑'及'和而不同'的建筑观，开创了延续盛唐文化、重振东方之都的'新唐风'之路，哈佛大学著名建筑教授建筑学院院长彼得·罗（Peter G. Rowe）称赞她为中国第三代建筑师的领头人，对张院士这种称赞是实至名归，当之无愧！"

"今岁恰逢张院士在陕工作50年，这一幅幅照片，一张张图纸，无一不浸染着张院士的智慧和汗水，我相信建筑作品展会让建筑师以及社会大众进一步走进大师心灵深处，聆听她的心音。如今，誉满天下的张院士从未满足于已有的辉煌业绩，更没有因为耄耋之年而放慢自己孜孜不倦的脚步，我相信张院士还会创作出更加精彩的建筑作品，也相信以赵元超为代表的新一代的中建西北院人会发扬张院士的革命斗志，为我国建筑行业的辉煌明天贡献力量！"

接着，中国建筑工程总公司总工程师毛志兵代表中建总公司和中建设计集团表达了对张锦秋院士的崇高敬意：

"张大师坚持和谐美的精神追求和综合美的艺术追求，系统全面地研究了中国传统建筑理论，提出了天人合一的环境观、和而不同的建筑观、和谐建筑的创作观，并努力实践，是我国坚持理论与实践相结合的成功的建筑学家，设计了一大批具有民族特色、时代气息、科技创新、科技与艺术完美结合、弘扬中国建筑核心理念的现代建筑。作品洋溢着唐风汉韵，既是传统的，也是现代的，众多设计作品受到各界广泛认同，对现代建筑的发展产生了重要影响。"

"本次展览集中梳理并展示张大师在中建西北院五十年来在建筑理论与实践领域做出的丰硕成果，向社会更多的业内外人士敞开大门，特别是让更多的年轻建筑师、学生有机会更深入地领会大师所倡导和追求的'和谐建筑'设计观，学习大师传统与现代建筑技术相结合的创作风格，领略大师建筑艺术成就和她独有的作品风格文化。"

"张锦秋院士作为中国工程院院士、全国知名建筑设计大师，我们中建总公司系统的一面旗帜，其亲身组建的华夏建筑设计所的成功运作，在央企大院中同样极具开创性和时代代表性，为国营大院的变革发展探明了方向，为高级专业技术人才的发展探索出了新路，为建筑师如何在国有体制建功立业并长期保持旺盛的创作力提供了最佳范本。"

最后，中国建筑工业出版社王莉慧副总编向张锦秋院士赠送《从传统走向未来》再版书籍，著名画家赵振川先生向张锦秋院士赠送长卷新作《松山茶乡图》。开幕式在热烈而简短的仪式下结束。

毛志兵致辞

何镜堂祝贺

王莉慧赠书

赵振川赠画

庄长兴入场

嘉宾入场

建筑师是一个古老的职业，在中国漫长的封建历史中被称作"匠人"，属于儒家思想中"士农工商"里的"工"，即便创造了无数辉煌的殿堂楼阁，其社会地位依然十分低下。近现代以来，随着梁思成、杨廷宝、吴良镛等建筑人在建筑理论、城市规划、建筑教育等各个方面的不懈努力，主流社会中逐渐有了建筑师的一席之地。今天，为一名建筑师举办她的个人作品展，如此隆重而热烈，这是对先行者的尊重与纪念，对传统建筑文化的重视与传承，更是建筑行业地位发展与提升的体现。作为这场盛会的亲临者，每位建筑师脸上都流露出自豪而兴奋的神情。

展览一瞥

开幕日嘉宾合影

　　开幕式后，嘉宾们与张锦秋院士一起参观了展陈于陕西历史博物馆东侧第六展厅的"张锦秋院士建筑作品展"。展览集中展示了张锦秋院士半个世纪以来在建筑理论和设计实践领域的丰硕成果，体现了建筑师与城市之间的不解情缘。为了让更广大的市民，特别是非专业人士也能够深入理解这些作品背后的思考与过程，策展者以"十堂课"为参观主线，通过精心布置的建筑作品实景图、手稿草图、巨型建筑实体模型、航拍视频，以及珍贵老照片等多种展示方式，将张锦秋院士丰富的建筑人生和多元的创作精品呈现在参观者的面前。

开幕日嘉宾观展

　　来宾与大师畅谈创作思想，感悟建筑人生。他们或高举相机留影，或弯腰凝视，无不被这些生动而又富有趣味的展品所深深吸引。观展后，何镜堂、崔恺、常青、庄惟敏再次对张锦秋院士表达了祝贺之情，并对本次作品展给予了极高的评价。

　　中国工程院院士何镜堂仔细观看了所有展品，颇有感触地说道：什么是传承？举办展览本身就是一种传承。

　　清华大学建筑学院院长庄惟敏说：这次展览不仅仅是建筑界的一次盛会，更是整体社会文化的一种提升，我觉得这是全民族建筑文化水平提升的非常重要的事件，祝

开幕日市民观展

开幕日策展讲解

贺张先生展览的开幕，这是清华建筑 70 周年系列活动的一个非常重要的内容。

　　中国工程院院士崔愷饶有兴趣地欣赏了张锦秋院士建筑人生系列照片，并与张院士的油画肖像合影留念。他说：一位建筑师能坚持传统与现代相结合这条道路这么多年，实属不易。

　　中国科学院院士常青说：18 世纪法国建筑史上重要的建筑师列杜 (C.N.Ledoux) 在建筑的古典形式与理性内涵方面的探索，极大地促进了建筑理性新观念的形成，使法国走上了新古典主义的道路。张院士开创了中国建筑发展的特色之路，在她的努力下，西安已成为传统建筑文化的新标杆。

　　马达思班建筑设计事务所创始人、美国南加州大学建筑学院院长马清运说：有老家感觉真好！张先生为西安创作了这么多优秀的建筑，应该专门为她建一座设计博物馆！

"长安月"夜景及嘉宾合影

陕西省委副秘书长李广利当即赋诗一首：

### 参观张锦秋院士建筑作品展有感

荣观鸿作颂华章，辉映千秋启汉唐。

重塑长安承盛世，功留天地国风扬。

著名雕塑家任军参观完展览，深有感触地说："张锦秋大师的作品是对中国古代宫廷和公共建筑的形制、功能审美价值的唤醒、重构，她的建筑承历史之底蕴，兼有梁思成、林徽因那种对传统的深谙与敬畏，她以实验性的学术精神，几乎以一己之力，通过大量作品，进行着文化价值的冥想。"

"这些作品不仅有现代材料、技术和观念的表达，更为重要的是这些建筑让我们看到了大师对于传统文化和当代文明之间的关系所进行的思考与重构。她把那些功能变异和退化的古代建筑带进了现代社会，意在融入现代城市发展和生活方式的巨大落差中。这种实验远远超出建筑本身的意义，这是对传统文化如何与当代文明融合、共生与发展的思考，而这种思考无疑是中国建筑师未来需要思考和回答的问题。"

"张锦秋大师无疑是这个时代，用她的思想和大量的作品，来不断提问与解答的

"长安月"嘉宾合影

勇者和智者。张锦秋大师的作品，在她独特的人格和学术构架中的呈现，可能会成为这个时代晨钟暮鼓般的绝唱。"

展览现场还有许多观众，因为有机会直接面对心目中的"偶像"而激动异常，他们纷纷请张院士签名、合影留念。媒体也抓紧机会进行采访。

华灯初上，夜幕降临，陕西历史博物馆主庭院更显安静平和。在熊中元院长的祝词声中，"长安月"冷餐会掀开了它的神秘面纱。不同于开幕式屏幕上随处可见的中国红，晚会以素雅的冷色调为主，灯光映衬出唐韵建筑的构成，竟有了些许浪漫意味。

"金秋万里，朗月清澄。上苑初开露菊，芳林正现霜梨。值此良辰美景，我们欢聚一堂，共赏长安月，共话朋友情。今年是张大师在陕工作五十周年，她把自己最美好的年华留在了西安这座城市，她的作品也让西安成了锦秋之城！让我们举起酒杯，共悟长安意匠的精神，共赏醉人的秋景，共品醉心的乡愁，祝愿张院士为国珍摄，祝愿各位嘉宾合家幸福！长安！长安！"熊院长的一席话充满诗情，嘉宾们举杯同庆这温馨的晚会。

夜晚的古城流光溢彩。开幕一天的活动在人们的依依不舍中画上了圆满的句号。

（本篇执笔：潘婧）

张锦秋在长安
塔模型前留影

# 清华大学庄惟敏院长对张锦秋院士的访谈

　　在展览的开幕式上，清华大学建筑学院院长庄惟敏教授就此次展览对张锦秋院士进行了简单的访谈。

庄惟敏对张锦秋进行采访

庄惟敏：张先生，您作为清华大学建筑学院优秀毕业生的杰出代表，这次展览也适逢我们今年清华建筑 70 周年，非常高兴今天我能够代表清华大学建筑学院来参加展览的开幕式，先请您谈谈这个展览举办的背景。

张锦秋：这个展览是由中国工程院、中建总公司和陕西省文物局联合主办的，一个潜台词就是张锦秋在陕西工作 50 年。我作为一名建筑师，非常感谢这三个部门。这个展览是我们院的年轻总建筑师赵元超带领着年轻的建筑师进行策划和布置的，建筑师会搞建筑设计，可没有搞过展览，所以他们也是克服了很多困难，可以说是日夜兼程地在准备。当然也有陕西博物馆的策展专家的指导，我对他们年轻建筑师们的这份心意非常感动。

我自己是前天到展览现场的，虽然还没有完成，但是我看了以后心潮澎湃，因为我看到这一个一个建筑作品的模型和照片，有一种时空穿越的感觉，好像时光倒流了，我跟年轻人一块儿在这些项目上奋战的往事都历历在目。这 50 年正好是中国社会激烈动荡的 50 年，最早是革命大批判，然后是世界上的流派纷呈，进入中国，再后来就是市场商业化的大冲击。一个大批判，一个大纷呈，一个大冲击，建筑师的心很不容易沉下来。我，用今天的话来说应该就是不忘初心，我在清华所接受的教育和我在清华树立起来的建筑理念，形成我现在的建筑观，就是一定要将传统和现代相结合，技术和艺术相结合，必须沿着这个路子走。所以这次展览也是我 50 年设计生涯的回顾，看过展览以后我还是很欣慰的，在这样一个大批判、大纷呈、大冲击的浪潮之下，我还算是坚定地走过来了。

我另外的一个感触是，虽然中国建筑师的作品展也有很多，但像在国家级的博物馆拿出 1000 平方米的展厅来做建筑作品展，我觉得在中国可能还是第一次。这说明我们的建筑文化已经融入了城市文化，建筑融入了城市的血脉，特别在西安，建筑文化已经成为历史文化复兴的有机组成部分，各方面的领导、专家都给予了我们很多鼓励。

庄惟敏：张先生，您刚才说得非常好，这个展览不仅是您这五十年来建筑创作和建筑思考成果的汇集，更重要的是，我们认为它确实是一次文化事件，它将建筑上升到城市、民众、社会的文化层面来思考。正如您刚才所说，在中国当下越来越多的流派纷争的情况下，您一直坚持着以中国文化为根基的现代主义建筑的创作，我们认为这对建筑的发展，特别是对中国当代建筑的发展有深刻的意义。您能不能再谈一谈对当下中国建筑文化创作层面的一些看法？

张锦秋：我在清华是建筑历史教研组里梁思成先生和莫宗江先生带出来的研究生，所以我看问题还是有自己的一些视角的。首先我觉得看建筑要有一定的历史高度，不能就事论事。把设计院里的一个建筑项目，看成是一笔生意、一个产值，或者说是一个成名的机会，我觉得这些都不对。我们学建筑历史的，怎么看建筑，怎么评价建筑，都看它所反映的民族文化、地域特色、艺术风貌以及它所反映的时代特色，中国的也好，西方的也好，都是这样的。所以在当下我们的建筑也不例外，实际上也是历史长河中的一滴水珠。这是我对建筑文化的一个基本看法，这个应该说是源于我做建筑历史研究生的基础。

另外，我还觉得我们不能就建筑论建筑，这也跟我受的教育有关系。我研究的是中国古典园林，古典园林涉及的面就很广，包括总体规划，建筑不同年代的形式，不同的艺术特色，特别是跟环境的关系等。我觉得一名建筑师要从事建筑创作的话，必须要有全面的观点。刚才说的是历史观，现在说的是全局观，必须把建筑放在这样一个多维的视角下来考虑。所以我觉得评价一座建筑也不能孤立地去评价，要有全面的考虑。

庄惟敏：要用历史的眼光。

张锦秋：另外，建筑要服务于社会，也就是说不像画家或者雕塑家进行的个人创作，我这个作品你们不欣赏，我自己很欣赏，可以在书房里挂着，在架子上摆着，都没有关系。但是建筑是一个社会财富的产品，它的社会性就决定了建筑文化服务于社会的程度，就要得到公众的认可。当然在艺术史上，有很多艺术作品在创作的年代不被认可，然而在后世获得很高的评价。我觉得建筑不能这样，建筑要服务社会就要服务当代，得到大众的认可，这也是我的一个看法。

庄惟敏：张先生，从您刚才说的我们也体会到作为一名职业建筑师，作为一个有深刻的文化思考的建筑师，您确确实实有自己的立场，而且您这五十年来的实践也一直是把这个思想贯穿始终，所以才使得您服务在这样的一个城市里，对这个城市的整体风貌有所掌控，这其实在业界是有共识的。同时您也是我们清华建筑学院的双聘教授、博士生导师。

张锦秋：很惭愧，我没有做什么事。

庄惟敏：您确实是指导了很多博士生、研究生。因为当下社会的开放，很多思潮不断地涌入，年轻人可以通过各种渠道，无论是书本还是网络，都可以获得知识和信息，无疑西方的一些影响是会给他们的认知造成比较大的冲击，在这一点上您能不能给我们的同学们讲两句。

张锦秋：我觉得是这样的，西方的很多好的东西是应该学习的。不能说我是中国建筑师，立足于中国、扎根于中国的土地，我就摒弃一些国外的先进思想，不是这个意思。中外的思想我们都要吸收，包括西洋古典、现代的、当代的，有很多值得学习。比如说，西方谈的场所精神，还有罗西的类型学，我觉得他们也是在探索，有些探索是比较深刻的。

庄惟敏：在方法论层面的研究。

张锦秋：它不是纯粹形式风格的变异，还是有很多值得我们学习的地方，有些东西其实跟我们是相同的，但是用的术语不同。所以学术术语要能够有一个很好的表述，让中西方的术语统一，把西方的规律学过来，看到它的精神，它的实质，我们的东西呢，也不能关起门来自我陶醉。就像在文学上，把中国的故事讲好，要让外国人听懂。在这方面高等院校、学院，像清华建筑学院，除了育人，在学术思想和理论方面，我觉得应该能够有所建树。因为我们这些建筑师都在忙任务，哪有时间研究这些理论问题，学术术语的问题，我们根本顾不上，也没有力量去探索和研究。新中国成立初期，梁思成先生说的中而新，到现在仍旧适用，不狭隘，有包容性。所以我觉得当下的清华建筑学院要培养出优秀的人才，要提出能够反映中国文化、中国价值观和中国智慧的建筑理论体系。这次我们在工程院的论坛上，就提出要创造出源于自己属于世界的建筑文化。我希望咱们清华建筑学院在这方面起到表率作用。

庄惟敏：谢谢张先生给我们提出的希望，清华建筑从 1946 年梁先生开始创办，到今年整 70 年了。回顾历史，梁先生在那个时代，我们说是第一次创建真正的中国建筑教育的基础，后来吴良镛先生获得国家最高科学技术奖，我们叫第二次跨越的话，现在也面临后 30 年迈向清华建筑 100 年这样一个契机，因为马上就要迎来我们 10 月份的院庆 70 周年，也希望张先生给我们一些寄语。

张锦秋：我觉得对于清华建筑学院，其实最根本的还是清华校训的那两句话："自强不息，厚德载物"。这两句话出自《易经》，是古老祖先的智慧，对于整个清华也好，对于建筑学院也好，都要发扬这样的精神。自强不息，就是说一个强者，应该有坚定的信念，要不断地探索，有这样的自信，也能付诸行动，不断地攀上高峰，我觉得清华建筑学院应该继承这个自强不息的精神。像刚才你所说，过去梁先生对中国建筑界的贡献，在建筑历史理论、城市规划、教育包括建设各个方面提出了很多指导性意见；后来吴先生继承了梁先生在清华建筑学院的领导地位，在 20 世纪末迎接新世纪到来之际的世界建筑师大会上，吴先生组织执笔的《北京宪章》，在当时就回答了全世界建筑师共同的问题，这个贡献也是不小的。接着他在人居环境方面高瞻远瞩地提出了这样的学说，并且这个学说一直在指导各个领域。所以我觉得清华就是不断地自强不息，不断地有所建树。正像你刚才说的，70 年过去了，以后 100 年的建树就要靠新的一代，我还是蛮有信心的，到 100 年还有 30 年呢。这是说"自强不息"。

厚德载物呢，建筑学院培养的人才应该像大地一样温厚、包容，也就是说从建筑学院出来的建筑师走向社会，有大大小小不同的团队，都要强调团队精神，无论大团队还是小团队都能够团结。刚才我们前面说的自强不息，有了奋斗目标，但是你要实现它，必须要通过团队才能实现。所以我觉得厚德载物很深刻的意义还在于扎根于人，扎根于所在的地域，一定要得到老百姓的支持，这样才有丰富的创作源泉，所以这个厚德载物也就是我们服务社会、服务人民，我们有很好的团队精神来实现自强不息的目标。我想清华建筑学院会在新的领导班子下有很辉煌的前景。

庄惟敏：谢谢张先生。这次展览不仅仅是建筑界的一次盛会，像您刚才说的，是整体社会文化的一种提升，因为真正在国家级的博物馆里举办这样的建筑展，确实不容易，我觉得这是全民族建筑文化水平提升的非常重要的事件，祝贺张先生展览的开幕，这也算是清华建筑 70 周年系列活动的一个非常重要的内容。

张锦秋与庄惟敏在展览现场

# 一、展览策划

2016年3月初，中国工程院土木、水利与建筑工程学部决定将于同年9月在西安召开"'一带一路'建筑发展论坛"。届时，来自中国工程院、中国科学院的多名院士与勘察设计大师、专家学者将围绕"古丝路建筑文化传承与遗产保护"、"新丝路城市与建筑发展"两大主题展开讨论，共同探讨丝绸之路上的城市的发展战略、建筑设计理论及新时期城市与建筑发展的对策。作为论坛的重要组成部分，将举办"张锦秋院士建筑作品展"。展览将由中国工程院土木、水利与建筑工程学部，中国中建

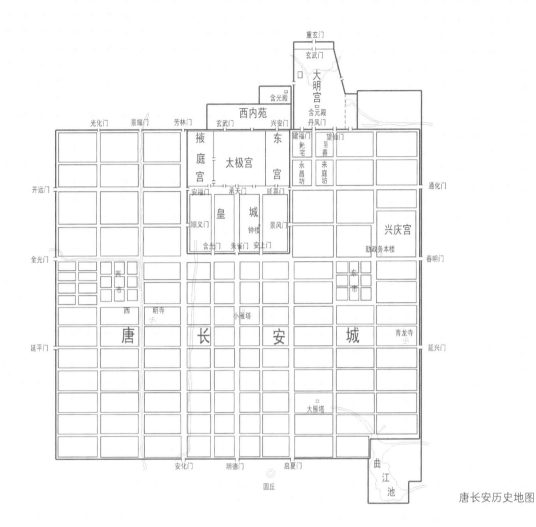

唐长安历史地图

设计集团，陕西省文物局主办，由中国建筑西北设计研究院、陕西历史博物馆承办，由中建西北院总建筑师赵元超担纲策划。在中建西北院熊中元院长的领导下，组织了以赵元超为首的一批年轻同志队伍，第一次开展作品展陈的策划和陈列设计。

本次展览旨在从历史发展的高度，系统展示张锦秋院士五十年的创作历程。随之而来的是三个需要解决的问题：

一是展示地点。张锦秋院士在西北院工作五十年，西北院是她成长的平台，在这里为她举办建筑作品展，既是一个永久的展览，也会是国企设计院的创举；陕西历史博物馆（以下简称"陕博"）是张锦秋院士20世纪80年代精心设计的国家级历史博物馆，如今已是西安的文化名片，每天有大量的参观者，具有广泛的影响力。二者之中如何选择？

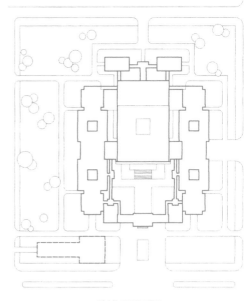

陕博总平面图

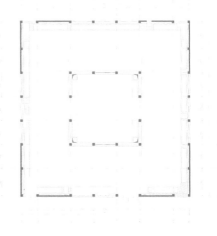

第六展厅平面图

二是展示内容。张锦秋院士是中国第三代建筑师的领军人物，作品众多，理论深厚，相关的书籍和报道不胜枚举，如何在有限的时间和空间内展示她五十年的创作历程，做成一次雅俗共赏的建筑类专业展览？

三是展示方式。张锦秋院士"在"西安，她的作品大都"属于"西安，她与西安有着密不可分的联系，采用什么样的展示方式才能恰当地表达这些隐含的联系？什么样的展示方式才有利于不同场地的再展？

经过反复思考和琢磨，策划与陈列团队对这些问题的认识逐渐清晰：一、举办这样一次展览，目的不仅是展示建筑师个人作品，更深远的意义在于对民众进行启迪与建筑知识的普及。因此，选择在陕博举办这次展览，可保证受众的数量和多样性。二、回顾中国建筑史，在建筑师设计的经典建筑中举办其本人的作品展在国内绝无仅有，因而展览对于建筑界意义深远，也与"一带一路"的院士论坛有密切的联系。三、陕西历史博物馆的拟选展厅平面是大小两个四方形同心相套，与长安这座四方城同构。同时，利用方形元素构成母题的灵活组合，增强展陈设计的适应性。

在与张锦秋院士和陕博展陈部的专业人士多次交换意见之后，策划与陈列团队明确了展示内容、形式设计以及进度安排、分工等一系列问题，并于 4 月底草拟"策划大纲"，形成了本次作品展的初步设想。

**主办：**中国工程院土木、水利与建筑工程学部
中国中建设计集团
陕西省文物局

**承办：**中国建筑西北设计研究院
陕西历史博物馆

**协办：**西安建筑科技大学
西安市规划院
陕西省土木建筑学会

**时间：2016 年 9 月 25 日～ 10 月 25 日**
**地点：陕西历史博物馆第六展厅**

**主题：**

　　精选十余个作品，通过模型、草图、照片、视频、实物、详图在方形展厅中系统展示张锦秋院士五十年的创作历程。

　　展示流线分为内外两圈，构成完整的参观流线和序列：外圈为张锦秋院士十个主要的作品，以陕西历史博物馆开始，长安塔结束；内圈为其他作品展示和多媒体播放区。

　　展示以 3 米见方的几何形体为单元，每个单元展示一项作品，每一方形单元可拆分为 1 米见方的几个次单元，次单元可根据不同展示需求进行灵活组合。上方悬挂有方形的展示画面，丰富展示空间。方形展台形式统一，组合灵活，也利于今后在不同场地的展示。

**时间安排：**

1. 概念策划阶段：4 月底

　完成概念构思、主题选定、展陈大纲。并在 4 月初广泛征求意见，初步论证予以确认。

2. 形式设计阶段：4~5 月

　完成各类资料的收集、整理，开始模型、航拍视频的制作。预计模型 20 个、视频 5 段、
　声像 2 个（作品介绍，建筑人生）。进行展陈预算等。

3. 设计论证及审批阶段：6~7 月

4. 展示施工：8~9 月

**展览相关活动：**

1. 开幕式：9 月 25 日下午（院士、中建、省市领导）

2. 有关书籍、展览宣传

3. 学术讲座：在陕博报告厅举办一次有关张锦秋建筑创作的学术报告

**展览策划与陈列工作组：**

领导小组组长：熊中元

总　策　划：赵元超

总 协 调 人：郭毅

策　划　组：李照、郭毅、高雁

策 划 顾 问：李子萍、安军、李建广、曹晖

陈　列　组：郝缨、李照

模　型　组：高朝君、李照

摄 像 视 频：孙金宝、高雁、成社、胡丹瑞、张煜旻

资　料　组：魏佩娜、陈元、艾学农
文　字　组：高治国、鲁梦瑶、欧阳东、万美文
宣　传　组：张晶、杜钊、王东、潘婧
现　场　组：王燕、刘安定、刘植、张勇、张佳、李元昭

确定好展陈大纲后，距开展仅有半年时间，我们对展陈设计没有经验，会有许多意想不到的困难。3 月 23 日，当我们拿着"策划大纲"与张锦秋院士进行讨论时，她鼓励我们：纵览建筑史，重要的建筑思潮和各种"主义"的发端或更迭多是由展览肇始，如 1914 年德国科隆的德意志制造联盟展览会，1964 年纽约现代艺术博物馆展出的题为"没有建筑师的建筑"（Architecture without Architect）的展览。面对困难，你们要认识到，你们团队所做的事情是非常有意义的。这番话成为我们边学边干、边干边研究、边研究边总结、边总结边学的动力。

而在接下来的几个月中，我们确实遇到了种种困难，例如博物馆方缺乏展览的基础资料，几乎每一次到现场都要修改一次设计，直到展览开幕。另如模型制作和航拍的工作量巨大。

7 月，进入了策展阶段的中后期，具体的开幕形式问题与开幕式地点的选择成了我们考虑的重点。

开幕式地点有两个选择，一是在陕博东侧厅，一是在陕博前庭。起初，计划将开幕式放在东侧厅举行，这里连接第六展厅（原临时展厅），是陕博一处独立的出入口，有利于为开幕式创造一个独立的环境，可不受天气因素的影响，由此进入第六展厅比较便捷。陕博前庭在建筑群的中轴线上，位居正门与中央主厅之间，两侧有廊宇。在这里举办开幕式，将会是一个更具仪式感的隆重场所，具有很高的开放性和参与性，但与会嘉宾需通过贵宾厅，走到东侧厅进入第六展厅。几经现场模拟，我们决定将开幕式地点定在陕博前庭。

9 月初，在一次与陕博团队的讨论中，赵元超总建筑师提出在陕博室外举办一场"建筑师之夜"冷餐会，作为开幕式的配套活动，地点选择在陕博前庭。在这里，嘉宾既可以欣赏初秋的陕博夜景，又可以创造有利于相互交流和切磋的氛围。后来将此活动命名为"长安月"，平添了一份诗意。

在展陈方案讨论中，赵元超总建筑师多次强调：展览本身也是一份重要的建筑遗产，这次展览结束后应该择处再展，要最大程度地、持续地发挥这套展览资源的作用，让更多的人了解中国传统文化与现代建筑创作结合的设计理念，让更多的人去传播当代中国社会的主流建筑价值观。

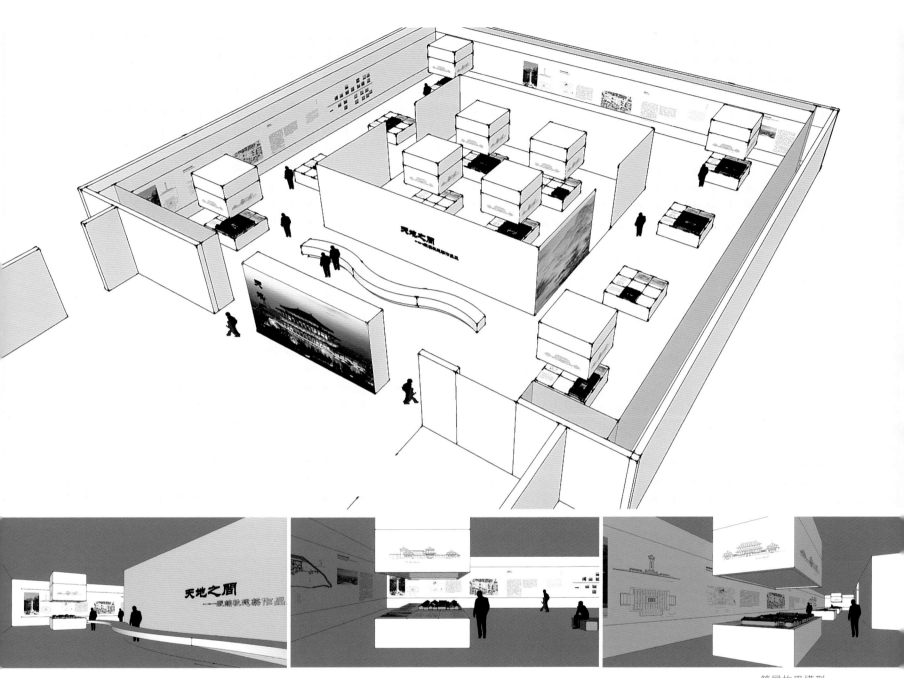

策展构思模型

## 二、展陈设计

  展陈设计是实现展览的重点工作，包括基于电脑设计基础的形式设计，以及基于行为艺术的陈列设计。为了办好展览，在展览流线、展示线索、空间设计、展陈内容、表达方式等方面都进行了仔细研究和反复推敲。

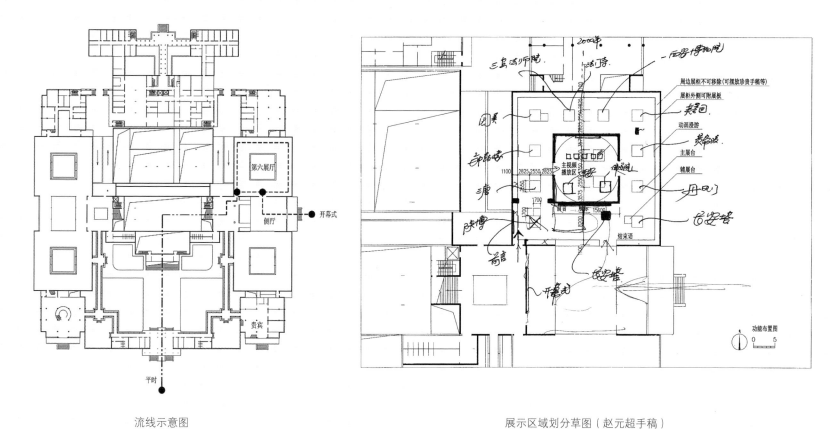

流线示意图

展示区域划分草图（赵元超手稿）

## 流线设计

展览定于在陕博第六展厅举行，流线设计要综合考虑 25 日开幕式使用和平时展览使用两种情况：开幕式于陕博前庭举行，随后大量人流将通过贵宾厅到达东侧厅，由此直接进入第六展厅。出于安全管理考虑，平时东侧厅是关闭的，参观人流必须从陕博东过厅进入第六展厅的角门进出，这样就形成两个不同的出入口。陈列必须适应这一情况，进入展厅后参观流线均按顺时针方向。

## 展示线索

在参观流线上布置了三条展陈线索，分别是建设项目、建筑理论、建筑人生。这

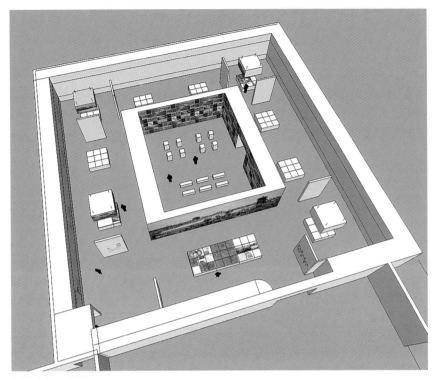

展厅布局示意图

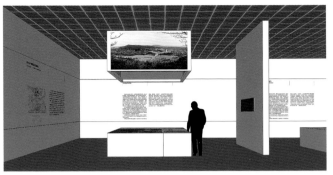

重点项目展示区示意图

结束区示意图

三条线索以时间顺序为主导，交相呼应，相辅相成，旨在让参观者全面深入地了解这些建筑作品的产生背景、设计过程，以及设计成果。

**动线设定**

　　整个展厅面积约 1000 平方米，建筑平面分为内外两环，也自然地形成了外动内静的空间分区。在外环展示十个重点项目的模型及图版、经典建筑理论文字、建筑人生图像。展览空间依次划分为四个部分，即序厅，重点项目展示区，奖牌及专著、名人题赠字画展示区，结束区。内环作为小型模型展示区和航拍建筑作品纵览视频播放区。全展厅预设参观动线长度约 300 米，完整参观时长约 1 小时。

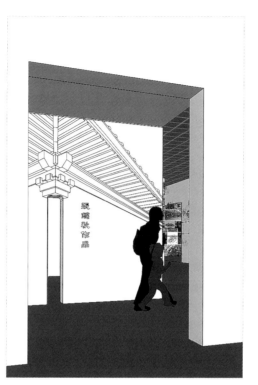

展标设计的三个比选方案

## 空间色彩

本次展览作为建筑类专业展览，选择用最自然、简洁、质朴的颜色来承载建筑学本身科学与艺术并在、理性与感性交融的特质，展陈设计的主色调定为黑色、白色、灰色和原木色，即黑色的格栅吊顶，白色的墙面与展台，灰色的地面，原木色的主体模型与家具。

## 展标设计

角门是在平时观展流线中，连接公共大厅和展览序厅的关键部分。为突出尺度较小的角门，在此做出"门斗"，"门斗"内布置展标。这样使入口引人入胜，又避免视线一览无余。

最终展标实景

芙蓉园雪景背景板

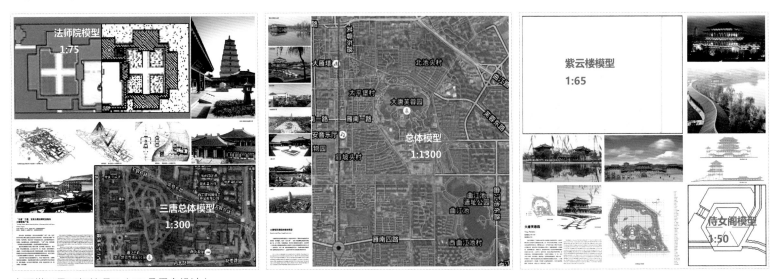

大雁塔风景区相关项目（10号展台设计）

"十堂重点建筑课"设计

　　"十堂重点建筑课"是指精选出来的张锦秋院士十个重要的工程项目，基本按设计时间排布。分别是陕西历史博物馆（1号展台），法门寺工程（2号展台），西安钟鼓楼广场（3号展台），陕西省图书馆、美术馆（4号展台），延安革命纪念馆（5号展台），黄帝陵祭祀大殿（院）（6号展台），中国佛学院普陀山学院（7号展台），西安大明宫丹凤门遗址博物馆（8号展台），西安世园会长安塔（9号展台），大雁塔曲江风景区展台（10号展台）。特别之处在于"三唐"工程、玄奘三藏法师纪念院、

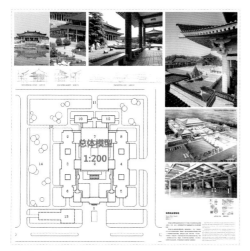

陕西历史博物馆

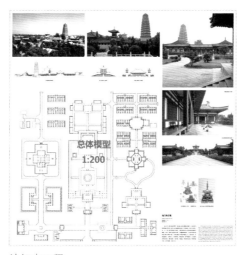

法门寺工程

西安钟鼓楼广场

陕西省图书馆、美术馆

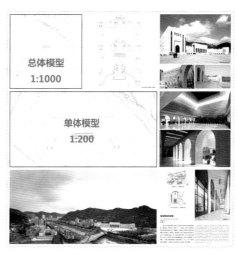

延安革命纪念馆

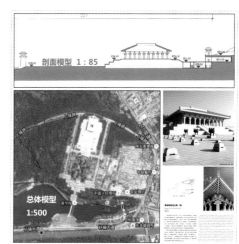

黄帝陵祭祀大殿（院）

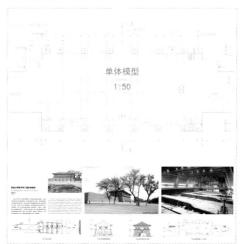

中国佛学院普陀山学院
1～9号展台设计

西安大明宫丹凤门遗址博物馆

西安世园会长安塔

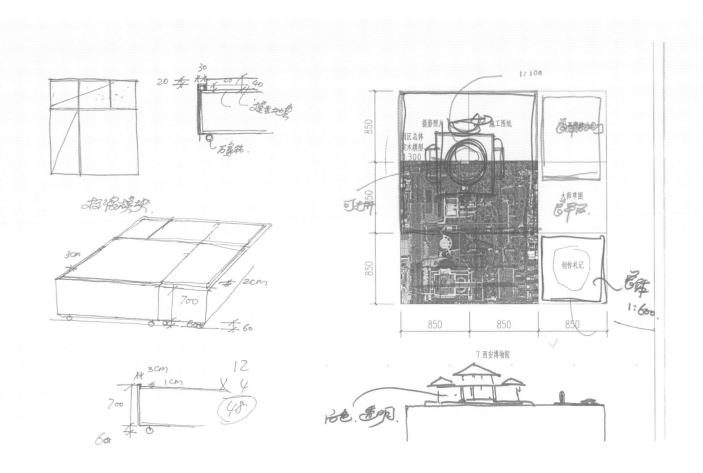

十堂建筑课构思草图（赵元超手稿）

大雁塔南广场、大唐芙蓉园、曲江池遗址公园是一组持续三十余年、围绕西安地标建筑大雁塔的系列建筑创作，规模宏大，所以将其共同纳入特别展台一并展示，称为"大雁塔风景区的相关项目"。

外环展厅净宽度为 9000 毫米，净高度 4300 毫米。展台的间距综合考虑参观者最佳视距、舒适的通行宽度及布展搬运的便利。将"策划大纲"中展台 3 米见方的尺寸调整为 2.55 米见方。即每一堂"建筑课"都由一个 2550 毫米（长）×2550 毫米（宽）×760 毫米（高）的展台为基本展示单元，辅以隔墙之上的图版或视频，间或上空吊置灯箱。考虑到再展，采取每一个展台由 4 个 1700 毫米（长）×850 毫米（宽）×760 毫米（高）和 1 个 850 毫米（长）×850 毫米（宽）×760 毫米（高）的可移动体块组合而成。平铺其上的建筑模型底盘和说明图版均以 850 毫米（长）×850 毫米（宽）为单元，划分并拼合。

布展工作照

　　隔墙为原展厅不可拆卸构件，上下有横向滑轨，可以平移，分别位于1号展台之前、2与3、3与4、5与6、6与7、8与9、9与特别展台之间。隔墙宽2700毫米，将其用于组织展厅空间，与两侧墙体距离相等。其上布置文字、图片或者视频。既使展厅的空间层次丰富，也优化了展示流线。

　　西安钟鼓楼广场是张锦秋从建筑走向城市设计的标志，黄帝陵祭祀大殿（院）完美地展现了大象无形带给我们的震撼，西安世园会长安塔淋漓尽致地传达出建筑设计的创新精神，因此我们着重强调这三个项目，将其安排在方形展厅的三个角部，在展台之上覆以2550毫米（长）×2550毫米（宽）×1200毫米（高）的灯箱，其四壁印有项目的实景图片，内置光源，微有透光效果，增强了此三处的视觉集聚性，整个参观流线也因此有了节奏变化。

a

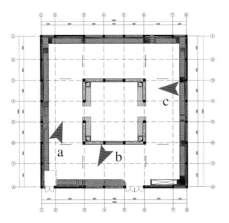

b

c

d

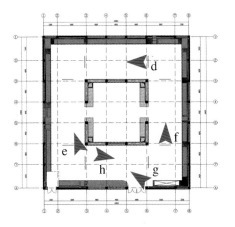

e

f

g

h

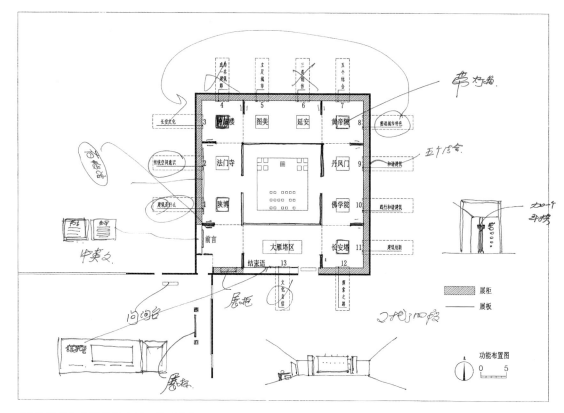

"建筑理论"布局草图（赵元超手稿）

## "建筑理论"设计

外环展厅第二条重要的展示线索是"建筑理论"。准备这部分内容之前，我们搜集整理了张锦秋院士撰写的百余篇论文及3部专著，结合《天地之间》第四篇对张锦秋院士城市建筑思想的评析，从中选择她对传统空间的理解、对西安城市的认识、对城市建设的建议、对和谐建筑理论的阐述四个重点方面，摘录出9项共12条经典理论原文，具体包括：关于传统空间意识——天人合一、虚实相生、时空一体、情景交融，长安文化，立足城市，城市文化环境的营造，五个结合，和谐建筑，践行和谐建筑，将这些理论原文分别对应十个展台，沿展厅四周墙壁布置。

i

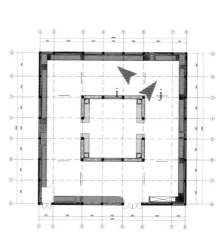

j

k

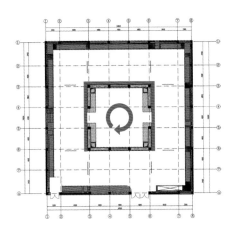

**"建筑人生"设计**

　　设计来自生活。生活的经历和见识造就了建筑师的成长环境，促成了建筑作品的形成。在展览中，这也是相当有趣的一部分内容，可以让参观者多角度地了解一名建筑师。我们从专著、杂志、报刊以及张锦秋院士亲自提供的180余张照片中，精心选择了从1939年至2016年77年间不同阶段的51张照片，按时间排序，反映了张锦秋院士的生活、求学、工作等方方面面的真实状态，还原建筑大师的生活点滴。

l

m

n

o

可供布置的墙面高度为 4300 毫米，总长度为 46000 毫米。经过推敲，当照片画幅高度为 650 毫米时，人物照在展览空间中显得较为饱满，观赏性较强。我们将其布置在上缘高度 1850 毫米，下缘高度 1200 毫米的最佳视线范围内。此范围以外排布张锦秋院士的手绘线稿。这里采用了她于 1965 年完成的对颐和园后山西区园林原状及造景经验研究中的五幅复原图，从展览现场的观测看来，"建筑人生"已经成为本次展览的亮点之一，取得了极好的展览效果。

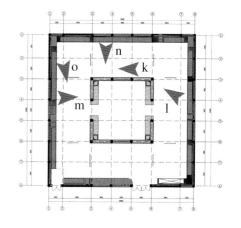

p

q

## "作品掠影"设计

张锦秋院士的建筑作品众多，除了外环展厅的十个重点项目，在内核还展出了许多其他作品。利用"四方城"内部的三面墙，以700毫米×700毫米的方形网格划分、组合，将这些建筑作品的摄影图片填充其中，并将其中最精彩的图片和张锦秋院士的手绘草图安排在视觉焦点处。在三面墙的环抱之中，陈列两排共8个600毫米（长）×600毫米（宽）×1000毫米（高）的白色展柜，上置底盘大小为600毫米（长）×600毫米（宽）的典型项目的白色建筑模型，与墙体背景形成繁简对比。将第四面墙体刷白，布置主视频的航拍投影画面。完成后，展厅空间呈现出一种主次分明的视觉效果。

展柜设计草图与实景对比图

## 展柜设计

　　张锦秋院士的奖牌、证书和专著众多，我们利用木工板做出高低错落、相互咬合的 4 个展台，横向排布，意为山脉。在最高峰处陈列建筑师本人的 8 项国家级奖项，次高峰专门陈列"张锦秋星"的奖牌和证书，最下一台将其他 9 项工程奖项和 3 项个人奖项依次排开，形成壮观的场面。另外将 20 部专著及刊物按国内国外两排分类陈列。形成主从有序、重点突出的展示效果。展柜内墙面的正中安排悬挂赵振川先生在开幕式上的赠画《松山茶乡图》，其右侧安排悬挂张锦秋院士的手绘水彩画《颐和园》，左侧安排悬挂张锦秋院士当年手写《法门寺进度表》复制件。

实景照片

# 三、作品内容

## 1. 大型展台

  建筑模型是建筑作品展的重头戏。6 月初，在展台排版基本成型的基础上，我们确定了本次展览 27 个建筑模型的制作比例及尺寸。大比例、大尺寸模型用椴木内外实作，如丹凤门及望春阁，取原木色；小比例、大尺寸模型用胶板及木板混合制作，局部采用 3D 打印，取原木色；小比例、小尺寸模型用胶板制作，为白色素模。分别委托省内外的 5 家模型公司进行制作。经过 3 个半月，全部模型于 9 月 22 号运至展厅并完成组装。

  以下为展出的建筑模型及内容。

# 陕西历史博物馆

## Shaanxi History Museum

设计时间：1983~1987 年

竣工时间：1991 年

设计人员：张锦秋、王天星、安志峰、王庆祥、徐文球、
　　　　　赵汉文、潘维民、曹　硕、高朝君

**项目概述：** 陕西历史博物馆是我国首座在设计上突破传统博物馆模式而兼具研究、科普、会议、餐饮和休憩等综合功能的现代化大型国家级博物馆。

陕西历史上的鼎盛时期是唐代，盛唐建筑博大、恢宏、开放的气质与中国当下的时代精神一脉相通，因此在这组现代建筑的设计中融入了浓郁的唐代建筑风格，建筑艺术上采用"轴线对称、主从有序、中央殿堂、四隅崇楼"的布局章法和以唐风与现代建筑的结构、材料、色彩相结合的手法，塑造出一组风格典雅又简洁明快，具有时代气息的城市标志性建筑，成为陕西悠久历史和灿烂文化的象征。

# 法门寺工程
## Famen Temple Project

设计时间：1987～2001 年
竣工时间：2002 年
设计人员：张锦秋、顾胤青、江恩凯、王天星、杜　韵、郝克谐、同颖栗、
　　　　　王兆旭、贾俊明、曹　硕、党春红、任宗兆、何来耕、赵汉文

**项目概述：** 法门寺工程在地宫保护、地宫展示的文物保护前提下，按皇家寺院的规格对历史上法门寺占地范围内进行了全面规划，设计采用了东、中、西三院并进的宏大格局。中院以塔为中心，设计成典型的唐寺廊院，东西二院的主建筑珍宝阁、千佛殿唱和相应，与中院宝塔共同彰显寺院之雄浑气势。大雄宝殿位于中院中轴线之上，北临宝塔，采用庑殿顶，斗栱宏大，出檐深远，回廊环绕，庄严而凝重。全寺建筑采用青灰瓦、赭红梁柱、灰白墙，不施彩，形体变化灵活，群体轮廓丰富，古朴典雅，庄重大方。

# 西安钟鼓楼广场
## Xi'an Bell and Drum Tower Square

设计时间：1995～1996 年

竣工时间：1998 年

设计人员：张锦秋、王树茂、高朝君、周时洪、党春红、李　浩、
朱　炜、卢树芬、任宗兆、季　伟、何来耕

项目概述：西安钟鼓楼广场是一项通过城市设计实现古迹保护与旧城更新的综合性工程，包括绿化广场、下沉式
广场、下沉式商业街、地下商城及商业建筑。设计力求最大限度地展现钟楼、鼓楼这两座 14 世纪古建
筑的形象，使其历史内涵与地方特色得以充分发挥。整体构思沿着"晨钟暮鼓"这一主题向古今双向延伸，
设计汲取中国大型园林划分景区、组织景观、成景得景的经验和手法，同时把中国传统组景经验与现代
城市外部空间理论进行结合和演绎，创造出地上、地下、室内、室外融为一体的立体的城市开放空间。

从鼓楼看钟楼

方案效果图

# 陕西省图书馆、美术馆

Shaanxi Provincial Library and
Art Museum

设计时间：1995～1997 年

建成时间：2001 年

设计人员：张锦秋、刘绍周、赵元超、张　冬、王　军、王润昌、陈考学、
　　　　　高　莉、季兆奇、王国光、缪应强、党春红、毕卫华

项目概述：陕西省图书馆、美术馆坐落在长安路立交西北角的高地上，这一高地曾是唐长安城内有名的"六爻"中的第五爻，因此建筑总体布局巧妙保留了"高台"的地形特征，令图书馆高踞坡顶、美术馆嵌于坡下。图书馆的主入口面向东南，结合地形形成了一个极富文化氛围的半开敞空间。其后空廊的柱头、起翘的屋檐均抽象自汉代石造建筑构件，隐喻着中国最早的图书馆出自汉长安。上方建筑檐部的形象具有一种飘逸、向上、充满活力的感觉。美术馆为直径 60 米的圆形建筑，中心部位为四层通高的雕塑大厅，周围形成了开敞的展廊、尺度各异的展厅等。这两个建筑采用相同的材料和色彩，相同的符号，如弧面、拱窗等的细部处理，于坡顶上共享一个圆形广场，在观感和功能上成为一个有机的整体。

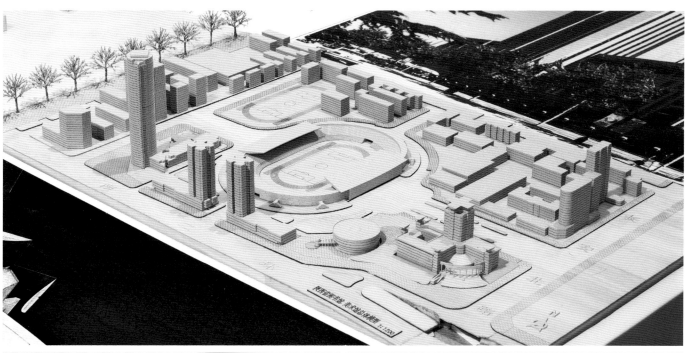

# 延安革命纪念馆

Yan'an Revolutionary
Memorial Hall

设计时间：2004～2006 年

建成时间：2009 年

设计人员：张锦秋、王 军、张昱旻、徐 嵘、张小茹、丁 梅、李午亭、陈初聚、韦孙印、
王洪臣、张 军、秦发强、殷元生、薛 洁、杜 乐、曹维娜、李 毅、曾 健

**项目概述：** 延安革命纪念馆建筑布局垂直于老馆与彩虹桥共同形成的南北轴线，面临延河，背负高山。建筑呈
"冂" 形布局，形体上与周边林立的高层建筑形成强烈对比，脱颖而出。其超长尺度及围合态势所
体现的张力与控制力，重新建立了城市秩序，奠定了纪念馆在延安城区的标志性。建筑南侧为纪念
广场，布置有毛泽东塑像，在入口门廊与东西翼入口之间，分列两片以毛泽东纪念铜像为圆心、半
径 45 米的圆弧 "窑洞墙"，券洞之间的墙壁前分立着延安时期工、农、兵、知、商等各界群众的塑像，
以体现党中央在延安人心所向的广泛群众基础。

# 黄帝陵祭祀大殿（院）

Huangdi Mausoleum
Sacrificial Hall

设计时间：2002 年

竣工时间：2005 年

设计人员：张锦秋、高朝君、张小茹、陈初聚、吴 琨、贾俊明、殷元生、杜 乐

项目概述：黄帝陵祭祀大殿（院）工程位于黄帝陵轩
辕庙以北，沿原庙区中轴向北延伸扩展，
直抵凤凰岭麓。设计从宏观上体现了建
筑群体与山川地形的和谐关系，在格局
上反映了华夏文明的鲜明特征，风格上
既与中国建筑传统文化一脉相承，又具
有鲜明的时代气息。设计手法简洁、凝练，
充分表达了"山川形胜、一脉相承、天圆
地方、大象无形"的建筑特色。建成后
不仅满足了新时代的祭祀要求，而且成
为炎黄子孙祭奠人文初祖的标志性殿堂。

祭祀大殿命名轩辕殿，由 36 根圆形石柱
围合成 40 米见方的方正空间，柱间无墙，
上覆巨型覆斗屋顶。顶中央开有直径 14
米的圆形天光，形象地反映出"天圆地方"
的理念，融入周围山川，展现"大象无形"。
轩辕殿的时代性不仅体现在其手法简练，
符合现代审美情趣，也体现在其高技术
含量的工艺。整体环境营造出浓郁庄严
的华夏祖师的圣地之感。

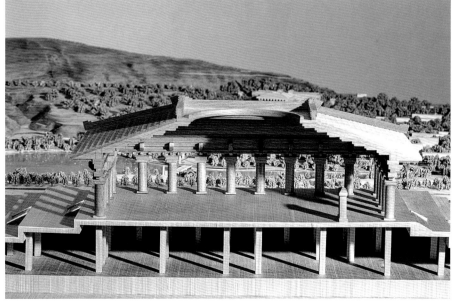

# 西安大明宫丹凤门遗址博物馆

Xi'an Daminggong Palace Ruins
Danfeng Gate Site Museum

设计时间：2009 年
竣工时间：2010 年
设计人员：张锦秋、杜　韵、王　涛、韦孙印、车顺利、
　　　　　张　军、薛　洁、杜　乐、丁　梅、王　敏

**项目概述：** 西安大明宫丹凤门遗址博物馆在文物保护与展示的基础上，通过对典型建筑艺术形象的塑造，承担起沟通历史与未来、增进唐代遗址与现代城市融合的责任。建筑造型最大限度地贴近唐丹凤门的建筑特色与风采，以引发人们对历史的联想，使这座建筑在体现唐代皇宫正门的形制、尺度、造型特色和宏伟端庄气质的同时，又成为一个现代城市空间的标志性象征。建筑色彩高度抽象，赋予这座遗址保护及展示建筑鲜明的时代感，犹如一座巨型雕塑，既保护了遗址本体，又形成了博物及展示空间，塑造出国家级遗址公园入口的标志。

# 中国佛学院普陀山学院

The China Buddhist Academy
of Mount Putuo

设计时间：2008 年
竣工时间：2011 年
设计人员：张锦秋、杜　韵、张小茹、高朝君、万　宁、贝英红、
　　　　　党春红、贾俊明、张　军、薛　洁、杨淑丽、郑　捷

**项目概述**：中国佛学院普陀山学院兼具宗教、教育、生态要求，整体规划设计追寻佛教文化，传承
中国佛教教育文脉；尊重自然环境，构建山水相映的格局；体现佛家境界，融入现代教
育功能。总体规划采用正对北面最高峰的中轴线而不完全对称的格局，分为中心区、西
区、东区，构成学院的宏观框架。核心部位的礼佛区完全遵循佛教寺院严格布局，构成
因山就势、中正相宜、富有特色的整体态势，形成高低错落、主从有序的建筑群体。同时，
在不同功能区的建筑组群和开敞的水面，大小与形态都注意追求和营造与功能相适应的
个性化景观，最大限度地丰富师、教、学生活的微观环境。

# 西安世园会长安塔

The Chang'an Tower of Xi'an
World Horticultural Exposition

设计时间：2010 年
竣工时间：2011 年
设计人员：张锦秋、徐　嵘、万　宁、贾俊明、赵凤霞、薛　洁、
　　　　　杜　乐、陈初聚、丁　梅、王　敏、张建群

**项目概述：** 天人长安塔是 2011 年西安世界园艺博览会兴建的四大标志性建筑之一，位于世园会中轴线上。全塔
采用可循环钢框架结构，外装修全部为亚光银灰色合金钢板，节能环保。屋顶及所有挑檐均采用净白
夹层玻璃，与外围同质的玻璃幕墙共同形成节能、透明度高的水晶塔效果。塔身逐层收分，每层挑檐
上面有一层平座，共七明六暗十三层，为登高远眺创造条件。塔心筒四壁施以一组菩提树由根至顶的
油画，贯通各层，喻意智慧、吉祥、绿色、长安。天人长安塔完美展现了 "天人长安、创意自然"
的理念，传统神韵，现代风骨，与其他三个标志性建筑形成和谐统一的整体，成为古都西安新时代的
文化地标。

**大雁塔风景区的相关项目**

  大雁塔风景区的相关项目是一组持续 30 余年、围绕西安地标建筑大雁塔的一系列创作，包括"三唐工程"、玄奘三藏法师纪念院及大雁塔南广场、曲江宾馆、大唐芙蓉园、西安曲江南湖遗址公园等，全面体现了张锦秋院士的和谐建筑理念和她尊重历史环境的创作态度，以及天人合一、虚实相生、时空一体、情景交融的创作手法。大雁塔风景区的相关项目是她的建筑代表作之一，也是西安城市文化及特色的重要体现。

# "三唐" 工程
## "Santang" Project

设计时间：1984~1986 年
竣工时间：1988 年
设计人员：张锦秋、李宗志、毛莉菱、顾胤青、管楚清、徐文球、秦国文、
曹培顺、森一郎、西天真已、佐藤彰、谭　馨

**项目概述：** 唐华宾馆、唐歌舞餐厅、唐艺术陈列馆简称"三唐"工程，是 20 世纪 80 年代中期大雁塔风景旅游区的启动项目。张锦秋院士根据"理解环境、保护环境、创造环境"的理念进行设计，运用我国传统的空间理论，结合现代生活，形成以雁塔高耸、"三唐"奔趋、雁塔刚健、唐华幽深为特色的刚柔相济、虚实相生的园林化建筑格局。

# 玄奘三藏法师纪念院及大雁塔南广场

Master Xuanzang Memorial Museum and the
South Gate Square of Dayan Pagoda

设计时间：1993 年（规划）、1995 年（纪念院）、2000 年（南广场）

竣工时间：2001 年

设计人员：张锦秋、江恩凯、党春红、侯新峰、杜　乐、赵凤霞、
　　　　　李　历、杜　韵、管楚清、丁大利、杨美丽、何来耕

**项目概述：** 慈恩寺的规划设计实现了保护文物、完善功能、协调风格、增加绿地、优化环境的目标。全寺规划了中、东、西三路，塔体两侧为寺庙园林，塔北为相对独立的玄奘三藏法师纪念院。玄奘三藏法师纪念院的设计取材于敦煌壁画中象征弥勒佛居住的兜率天宫，采用了国内已无实例存在的横列三院式布局，充分体现了盛唐建筑风格。

大雁塔南广场以玄奘像雕塑为中心，纪念广场设在中部。东西两侧为自然风致园林，保证周边的建设项目与古刹的前序空间之间有清净、祥和的过渡。整个项目中雕塑艺术、佛塔、纪念院三位一体，彼此尊重、情景交融。

# 大唐芙蓉园
## Tang Paradise

设计时间：2003~2004 年
竣工时间：2005 年
设计人员：张锦秋、党春红、王 军、杜 韵、贝英红、万 宁、张小茹、
高永欣、贾俊明、韦孙印、张 军、薛 洁、杨淑丽

**项目概述：** 大唐芙蓉园位于大雁塔东南 500 米处的唐文化旅游区内，选址于唐代曲江皇家园林芙蓉园遗址以北，是一项以唐文化为内涵，以古典皇家园林格局为载体，因借曲江山水、演绎盛唐名园、服务当代的大型主题公园。规划采用了盛唐苑囿山水格局：南部冈峦起伏、溪河缭绕，北部湖池坦荡、水阔天高。建筑布局体现了皇家园林明确的轴线及对应对位关系，主从有序，层次分明。构成以自然景观为背景，以建筑为核心，依序配置景点或景区。全园四大功能区，大、中、小共 40 多个项目，相互因借，成景得景。建筑风格取法唐代，形象丰富，种类繁多，兼有宫廷建筑的礼制文化和园林建筑的艺术追求。三大标志性建筑西大门、紫云楼、望春阁与大雁塔遥相呼应，人们入园游览，颇有"走进历史、感受人文、体验生活"之乐趣。

仕女馆之望春阁

紫云楼

## 2. 小型展台

### 青龙寺空海纪念碑院
Qinglong Temple, Monument of Kong Hai

### 唐代御汤遗址博物馆
Museum of Tang Dynasty Imperial Bath

### 西安国际会议中心·曲江宾馆
Xi'an International Conference Center and Qujiang Hotel

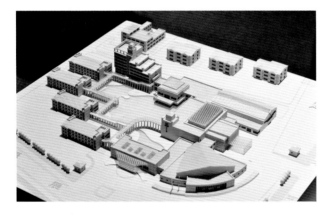

### 中科院地球环境研究所
Chinese Academy of Sciences, Institute of Earth Environment

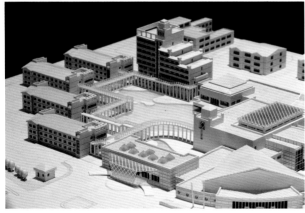

## 西安博物院
Xi'an Museum

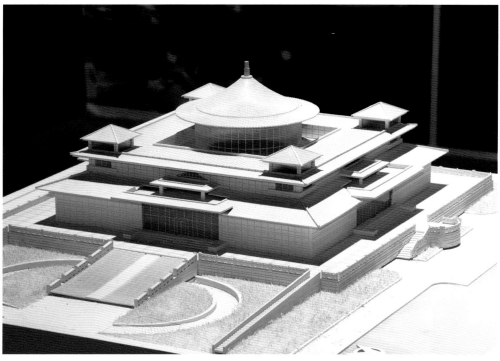

## 大唐西市之金市酒店
Tang West Market Hotel

## 净业寺山门
The Net Industry Temple Gate

## 群贤庄
Qunxianzhuang Residential Quarters

## 东花园
East Garden

## 咸阳博物院
Xianyang Museum

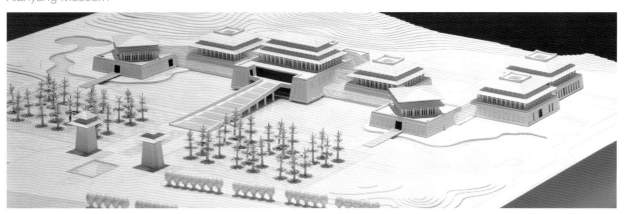

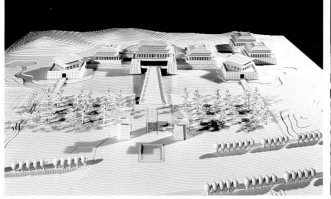

主视频播放区

视频作品

    本次展览的另一个重要内容是视频的拍摄及制作。我们委托黑蝙蝠拍摄中队，采用无人机技术航拍，希望从更高的视角展现张锦秋院士的建筑作品。从 5 月开始，历时 4 个月，一共拍摄了 18 个独立项目的大量素材。最终结合展览需求，制作 1 个综合视频，即"张锦秋建筑作品纵览"，播放时长 8 分钟。在展厅中心部位的主视频播放区滚动播放。另外还制作了 8 个独立的项目短片，每个播放时长 3 分钟，分别在相应工程项目展台旁的隔墙上布置并滚动播放。

## 配套设计

为配合展览，设计了展览手册、海报、邀请函等配套内容。

开幕式主席台标志

冷餐会背景板

东侧厅入口处背景板及邀请函封面

志愿者工作服

邀请函内页

第六展厅入口处海报

展览手册

# 四、工作记事

3 月初，确定"张锦秋院士建筑作品展"将于 9 月份展出

3 月 7 日，赵元超、郭毅、艾学农与陕博团队沟通展览事宜，首次踏勘拟选展厅

3 月 16 日，形成"策划大纲"初稿

3 月 17 日，熊中元、赵元超、郭毅、孙金宝、高雁、高治国、李元昭、李照等在院五楼会议室进行第一次工作会议，讨论"策划大纲"初稿

3 月 23 日，熊中元、赵元超、郭毅、李照向张锦秋汇报筹展情况

4 月 25 日，策展团队赴陕博与陕博陈列团队讨论，再次踏勘展厅，确定"策划大纲"终稿

4 月 28 日，策展团队与黑蝙蝠摄影中队确定拍摄项目及拍摄重点，并签订视频拍摄合同

5 月 3 日，策展团队赴陕博与陕博陈列团队讨论，就"展陈大纲"交换意见。细化分工，安排设计双方对接

5 月 10 日，策展团队邀请西北院李建广、李子萍、安军、曹辉等建筑师提出展陈建议

5 月 17 日，策展团队进一步审核展览模型比例及数量、展台平面初排，并开始首批模型的制作

6 月 8 日，赵元超、高雁、李照给张锦秋汇报展陈设计及视频拍摄情况

6 月 10 日，第二批模型分别在上海、西安开始制作

6 月 13 日，策展团队第三次工作会议，落实展览相关工作

6 月 14 日，策展团队三赴陕博，就展览事宜交换意见

7 月 5 日，策展团队第四次工作会议，沟通工作进展情况

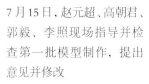

7月15日，赵元超、高朝君、郭毅、李照现场指导并检查第一批模型制作，提出意见并修改

7月25日，确定部分展览文字内容

8月10日，策展团队第五次工作会议，讨论开幕式及展览的相关事宜

8月16日，策展团队验收第二批模型，提出意见并修改

8月24日，确定展台做法及装修材料

9月10日，赵元超与陕博馆长商量展览事宜，确定开幕式议程

9月14日，确定展台排版，选定视频播放内容

9月15日，确定全部展览文字内容

9月16日，万美文、刘育红完成展览文字的英文翻译

9月17日，魏佩娜组织志愿者开始讲解培训

9月18日，策展团队第六次工作会议，落实开幕日的具体流程及工作分配

9月20日，全部展台就位

9月21日，第一件展品进场，大部分模型到位，展览初具雏形

9月22日，张锦秋、熊中元、赵元超、陕博相关领导检查展览现场并提出建议。相关书籍、刊物、奖牌、水彩画、画像等实物展品到位

9月23日，全部模型就位，展台布置完毕

9月24日，布置展柜及藏品，全部视频调试完毕，开幕式外景布置就绪

9月25日，开幕日

9月27日，张锦秋再次亲临展览现场，为志愿者讲解创作历程，并提出完善展览的建议

10月20日，著名摄影师柏雨果、北京电视台等集中进行影像资料采集

10月25日，闭幕日

10月28日，所有展品移至西安市城市规划展览馆

12月12日，重新布置后，展览永久开放

（本篇执笔人：李照）

# 第三篇

# 锦秋长安
JINXIU CHANG'AN

1938 年 8 月全家摄　　1947 年在镇江省实验小学　　1953 年摄于普希金像前　　1954 年秋清华建筑系一年级新生
于成都玉泉街寓所

# 张锦秋作品的文化解读

　　中国工程院院士、中国建筑大师张锦秋先生的艺术创作生涯已经走过了五十多个春秋。她工作勤恳，成果累累，其建筑创作内容丰富，风格多样，融经典风范与时代精神于一炉，浑厚典雅，集"自然人化"与"人化自然"为一体，和谐端庄，作为建筑艺术，其影响力早已超越市疆国界，不仅是西安的骄傲，是中国的骄傲，也是世界的骄傲。

　　2016 年 9 月 25 日，"张锦秋院士建筑作品展"在陕西历史博物馆隆重开幕。同其他观众一样，我怀着喜悦与崇敬的心情，认真地观摩了每一座根据实物等比例缩小制成的建筑模型，仔细地阅读了每一件作品的文字介绍，欣喜地浏览了每一幅相关事件和人物的历史图片，禁不住的情感是激动和感慨。

　　再过几天，就是张院士的八十寿辰。从 1966 年 2 月清华大学研究生毕业到西北建筑设计院参加工作算起，她在古都西安整整五十个年头了。她这五十年的建筑艺术创作活动和绝大多数作品，基本都是在西安进行和完成的，也是为西安完成的。她工作、生活在西安，把美丽人生和杰出作品都呈献给了西安。她在各种场合经常这样说，她要感谢西安，感谢西安人民，是西安给了她的创作灵感和实践机会。

　　城市建筑承载的是人类生活和工作的功能空间，同时影响着人类的思维和情感。意大利著名作家伊塔洛·卡尔维诺的小说《看不见的城市》揭示了城市的结构如何改变个人的行为和人类的心灵，他说：构成一个城市，"是她的空间量度以及与历史时间之间的联系。城市

1957 年暑假参
观小雁塔

1959 年春和中国革命历史博物馆
设计组同学在工地

1963 年夏由京返沪造访中学
时每天途经的普希金纪念碑

1965 年 8 月结婚旅游在庐山

就像一块海绵，吸汲着这些不断涌流的记忆的潮水，并且随之膨胀着"。

　　古罗马建筑师有这样的说法：评判一座建筑的重要性，主要看它的形式和在城里的位置。例如各种神庙与形式多样的教堂就是西方历史城市中的重要建筑。张院士的作品除了具备这两个因素外，还具有强烈的文化感召力。这些作品对于西安，如同一把万能的钥匙，激活复苏了西安沉寂千年的历史记忆，又像一根神奇的魔杖，重新点燃了西安市民热爱家乡城市的激情。

　　在西安，当人们徜徉在风光旖旎的曲江池畔和巍峨肃穆的大雁塔旁时，无不陶醉在周边精美的建筑群与名胜古迹和谐共生所带来的愉悦中，自然而然地增加了对西安的热爱和眷恋。

　　由于这个原因，如今在西安居住的普通市民可能不知道陕西或西安领导人的名字，但只要一提起张锦秋，完全可以用"家喻户晓、妇孺皆知"来形容其知名度。祖辈几代长居西安，我完全理解西安人对她的崇敬、喜爱和感激的心情是多么真挚。一位中央领导也不无羡慕地说："西安有个张锦秋！"

　　正是与西安和西安人民五十余年的感情互动以及文化互动，成就了大师作品中深刻的文化理念和强烈的艺术追求，也成就了西安尽快实现"重振汉唐雄风、再建国际都市"的希望和梦想，为古都增添新的荣耀与辉煌。

　　这是一个很耐人寻味的文化现象。

1966 年春清华大学建筑系研究生毕业

1970 年春节全家游大雁塔

1976 年毛主席纪念堂设计方案研讨会

1983 年到中建曼谷经理部工作，第一次走出国门

**解读张锦秋的作品，需要了解西安的历史演变**

论说张锦秋对西安的贡献，不能不从西安的历史说起。了解一点西安的历史，就能理解西安对中国文化生成演进的重要作用，也能理解西安人普遍存在的难以释怀的浓郁历史情结。了解了这些，再来读张锦秋的作品，就能体悟她的作品对西安当今和未来的意义。

二十世纪八九十年代，西安的两大工程成为"造福后代"的壮举：一是全面整修古城墙，二是引黑河水进城。

与此同时，由张锦秋主创的青龙寺空海纪念碑院、大雁塔景区"三唐工程"和陕西历史博物馆相继竣工，引起国内外普遍关注。

当时谁都没有想到，这三项具有显著"唐风"色彩的工程会成为后来西安"重振汉唐雄风"的标志和底气，并成为落实中央提出"实现中华民族伟大复兴"的一条得力注脚。

张锦秋的这些后来被称为"新唐风"的系列建筑独得西安人青睐，其缘由在于西安人有极浓郁的历史情结和极强烈的文化追求。

西安人的历史情结有两个特点：一是对这座城市历史曾经有过的辉煌十分自豪，二是为这座城市后来的凋零感到十分郁闷。这两个特点叠加在一起，就会变成一种强烈的奋发图变的情怀。

这种情结和追求，当然源于西安是座享誉世界的历史文化名城，她有独特的城市发源、发展经历，有独特的文化历史。这里的独特，不是指独立的城市发展史，而是她经历了极度辉煌

20世纪80年代在家加班　　　1985年率团赴日考察博物馆　　　1985年在奈良拜读唐招提寺

之后的急剧衰落，巨大的历史落差，造成当今西安与国内其他城市完全不同的社会文化心理。

　　人类文化的成果谓之文明，分为器物、制度、思想等三个标志领域。在西安这片沃土上开创、壮大直至辉煌的中国历史文化，是这三个领域成果的全覆盖，从西周到盛唐一千多年的时期中，理所当然代表了中国文化的主流，至今还保留着全部文化遗传基因，一俟历史条件成熟，仍可以重现生命活力。这在全世界都可称为一个奇迹。秦始皇陵兵马俑被外国人称为"世界第八大奇迹"，其实只是西安历史文化奇迹中的冰山一角、九牛一毛。因为秦始皇陵的一个小小陪葬坑被称"世界奇迹"，那么秦始皇陵的主体建筑"秦始皇墓"该称什么？

　　中国有许多历史都城，每一个历史都城都可以代表一段中国历史。从全国看，北京代表元、明、清三个封建朝代历史，前后约五百年；南京代表东晋和南朝四代以及明代初年历史，前后约三百年；开封代表北宋，杭州代表南宋，前后加起来也三百年；洛阳代表东周、东汉、西晋以及北朝、武周以及五代，前后加起来有八百年。西安，则代表西周、秦、西汉、隋、唐这几个中国封建社会处于上升进取时期的历史，前后约一千二百年，无疑是中国历史都城中的翘楚。唐代文化从根本上定型了西安。今日西安地面、地下唐代文物遗存最丰，唐文化影响也最大，在一定意义上，称西安为"唐城"亦不为过。在国外城市中，华人聚集的地方被称为"CHINA TOWN"，但华人还是喜欢译为"唐人街"，因为中国历史上的唐朝至今为国人引以为骄傲。

　　唐朝无疑是中国历史上最辉煌的时期。都城长安城规模宏大，七倍于现存的西安城墙圈内的面积，成为世界上第一个人口超过100万的特大城市。巍峨壮丽的建筑、雄浑齐整的布局、博采兼容的气度，加上唐王朝无比强盛的国力，孕育出丰富精湛典雅的文化，涌现出无数飘逸

1985 年在日本船桥市做
三唐设计，国庆挂国旗

1985 年在日本考察

1987 年赴美考察

1987 年向建设部部长汇报
陕西历史博物馆方案

俊秀的人物，名副其实地成为万国仰慕的国际大都会。盛唐文化的出现标志着以中国文明智慧为代表的东方文明在当时世界各类文明中处于领先地位。这当然是西安文化史上最壮观的一页。

唐文化是一种高容量、高能量的文化，尽管已相隔了千余年，今天国人谈论起来仍有一种烈焰灼人的感觉。这种感觉类似西方人谈论起古希腊古罗马文化时不由自主就流露出崇敬、神往的心情。

从纵向考察，唐朝直接继承了魏晋以来南北两方的优秀文化，又得天独厚全面继承了周、秦、汉文化的恢宏气度，诗歌、散文、书法、绘画、雕塑、音乐、舞蹈、围棋等文学、艺术空前大普及、大发展，特别是唐诗和唐代书法，从此成为中国文化启蒙教育的范本和文化理想追求的楷模。

从横向考察，唐朝对世界其他国家、其他民族的文化，从宗教、信仰到饮食、衣着，从文学、艺术到工具、器用，都尽可能地兼收并蓄。值得一提的是，佛教传入中国数百年，终于在唐代完成了中国化的进程，形成了世界上独特的儒、释、道等驾齐驱、共存并尊的文化现象。伊斯兰教和基督教的分支——"景教"也在唐代正式取得地位，显示了中华民族强大的凝聚力和文化的亲和力。

由隋文帝时代发轫、初唐定型的科举制成为世界史上罕见的各阶层士人进身报国参政的主要途径，规范了后世读书人的世界观和价值观，"金榜题名"从此成为中国人心目中三大喜事之一。这时的都城长安，无论政治、经济、文化诸方面，都有一种"无限风光尽被沾"的自豪。

然而，到了唐朝末年，先有黄巢造反时的破坏，后有朱温迁都时的毁灭，无比壮丽的皇

1990 年参加陕西团赴京向中央领导王震、习仲勋汇报黄帝陵规划方案

1990 年向赵朴初会长汇报法门寺二期工程方案

宫殿堂建材被拆卸一空，通过渭河运往洛阳，长安城变成一片废墟，从此不复为国都，凋敝沉寂达千年之久。

国都的东迁、南下、北上，标志着国家政治中心的转移，同时也带来国家文化中心的转移，这不但造成西安的政治地位一落千丈，也必然使长期依傍政治促进、推动而蓬勃发展的西安文化势头一落千丈，仿佛一条波涛汹涌的大河，突然间江水断流，河床裸露，沙石面天，而且一断就是一千年，可谓"沧桑巨变"。

著名艺术教育家陈师曾先生说过一句很值得寻味的话："传统，传统，不'传'无以'统'之，不'统'无以'传'之。"西安政治文化地位的失落，造成西安文化在"传统"上产生理想与现实的巨大心理矛盾：该"统"什么，该"传"什么，已经失去目标，失去动力。而且，对当地的社会心理和社会意识也带来重大影响。这就是近千年来始终困惑西安的那种剪不断、割不舍、摆不脱的所谓"历史情结"。

在这段时间里，陕西、关中、西安几乎从未大兴过土木，城市凋敝，乡村落后，一切似乎回到了秦汉以前。无数外地文人骚客慕名来此访古，找不到昔日京都的一丝繁华。古人有诗云："昔人已乘黄鹤去，此地空余黄鹤楼。"但西安"此地"连"黄鹤楼"也没留下，只有七十几个貌似土山的皇帝陵屹立道边，无限凄凉。陕西人不无自嘲地说："江南的才子北方的将，陕西的黄土埋皇上。"元代著名政治家、文学家张养浩写过一首散曲《山坡羊·潼关怀古》，曾面对古长安的凋敝荒凉状况发出感慨："峰峦如聚，波涛如怒，山河表里潼关路，望西都，意踌躇。伤心秦汉经行处，宫阙万间都做了土。兴，百姓苦，亡，百姓苦。"其中"伤

1990 年在科隆莱茵河畔 　　　　　　　　1990 年在陕博工地上 　　　1991 年老师莫宗江教授手术后在清华园合影

心秦汉经行处，宫阙万间都做了土"两句仍令今人触目惊心。历史上的陕西文人不甘寂寞，总结出"长安八景"（又称"关中八景"，因为这"八景"原来都在古长安所在的"京兆郡"或"西安府"辖区，民国初年一度改为"关中道"辖区）以壮地胜。读懂或欣赏这"八景"，需要付出深厚的文化功底和其他东西。

二十个世纪二十年代，鲁迅先生来西安讲学，顺便为计划创作的长篇小说《杨贵妃》作一次实地考察，获取创作的灵感。然而，关中大地荒凉破败的景象令他失望至极、满腹辛酸。后来他在给日本友人山本初枝的信中写道：来陕西见到的一切，使他"费尽心机用幻想描绘出的计划"彻底破灭，以至于"一个字也未能写出"。鲁迅先生讲学之余，为西安秦腔剧院"易俗社"题词："古调独弹"。细细品味，可褒可贬，但似乎又是无贬无褒，遗憾难言。

新中国成立后，西安获得新生，在"一五""二五"期间出现了一段难得的建设高潮，但到了二十世纪六七十年代，由于众所周知的原因，西安发展又停滞难前。即到八十年代初期仍是步履蹒跚，当时的社会文化心理除了"自嘲"，又多了几分"自黑"。某本小说中的"八百里秦川尘土飞扬，三千万懒汉怒吼秦腔"两句话被央视主持人当众引用嘲笑陕西，令人极为难堪。如果没有秦始皇陵兵马俑的出土，西安几乎没有值得自豪的一点心情。

然而，一个城市的历史记忆不会轻易被抹去，"重振汉唐雄风"一直是西安人的梦想。尽管曾经代表中国文化主流的西安文化已经逐步收缩蜕变为一种地方文化，如同一条在宽旷而干涸的河床上若隐若现的涓涓细流，但仍在顽强地流淌，因为她毕竟是一条奔向大海的河流。这种执着追求的本身，也是西安文化传统中一种值得讴歌的精神。这种精神，终于在改

1991 年陕博
落成之夜

1991 年为苏州寒山寺建塔顾问与
性空法师合影

1991 年访日作学术报告

1992 年应邀赴日进行学术交流，
日方请在日本留学的儿子担任翻译

革开放的新时期得以重振。

要指出的是，一个城市的历史记忆不可能自动"跳"出来，它必须借助一些遗址或符号才能显现。我曾在现场眼见张锦秋先生在一次央视访谈节目中手绘了从大雁塔、城墙、城楼、钟楼到大明宫含元殿那条美丽的天际线，正好是西安古老的城市记忆。回头再看她在西安的系列建筑，会发现她完美地将优秀传统与现代精神结合，并且为它们赋予了新的意义，成为呼唤城市历史记忆的新符号，为重振西安文化精神注入了"满满的正能量"。在陕西历史博物馆、大雁塔南广场、大唐芙蓉园、大明宫丹凤门、临潼华清城以及大唐西市等这些建筑面前，人们直接感受的是"九天阊阖开宫殿，万国衣冠拜冕旒"的那种恢宏大气，仿佛"梦回大唐"，谁能不为之自豪？而且，这些建筑只能出现在西安，也只有西安才能赋予这些作品以伟大的意义。因为，只有西安才是名副其实的"唐城"。

**解读张锦秋的作品，需要了解西安的发展进步**

一首脍炙人口的军歌中有这样几句歌词："脚踏着祖国的大地，背负着民族的希望，我们是一支不可战胜的力量。"张锦秋作品的创作力量，应当就是来自这样的"大地"和"希望"。

多亏改革开放和西部大开发，西安才重获天时地利人和，得逢"旧貌换新颜"之大好际遇。三十多年来，西安迎来了自唐以降历史最好的时期，百废俱兴，经济发展以两位数递增，城市面貌日新月异，人民生活不断改善，社会心理与时俱进。张锦秋先生的建筑创作也迎来

1993 年在全国政协妇女组大会发言　　　1993 年在台湾参加海峡两岸第四次建筑学术交流会　　　1994 年与丈夫韩骥同赏古城雪景

了果实累累的鼎盛时期，实现了与西安发展的同步与互动。这也使张锦秋先生具备不同于其他建筑师的机遇和优势，她的创作得到了肥沃的土壤和充足的阳光，绽放出鲜艳夺目的花朵，取得了骄人的成果，令西安和西安人一扫颓窘，扬眉吐气。

这三十多年来，西安发展有两个显著特点：一是经济实力有较大的提升，年地方国内生产总值由 100 亿跃升为 5000 亿，财政总收入由 10 亿提高到 1000 亿，全社会固定资产投资由 50 亿猛增为 6000 亿，其中用于城市建设的资金投入由 1 亿增加到 500 亿。需要说明的是，从 1949 年新中国成立到 1990 年，全市累计用于城市建设的投资不足 100 亿。二是思想观念产生重大转变，由封闭保守走向开拓进取。新中国成立后，西安市委礼堂、陕西建工总局两座所谓"大屋顶"的建筑刚刚出现就受到严厉批判，建筑界"谈古色变"，流弊久远。七十年代西安新建了一座两层楼面积不大的北大街商场，竟作为"兴建楼堂馆所"的典型受到全国通报批评。

不难想象，在二十世纪七八十年代西安经济发展相当薄弱的时期，不可能出现后来类似大唐芙蓉园、曲江遗址公园、临潼华清城这样的大项目，没有经济实力做后盾，任何一个建筑大师都是无法作为的。张锦秋建筑作品的轨迹，正好见证了西安的发展与进步。

改革开放伊始，中日恢复邦交，日本与西安的第一个合作项目就是兴建青龙寺空海纪念碑院。正是这个项目，给了张锦秋先生思考"新唐风建筑"的初次尝试。接着，西安又与日本合作兴建"三唐工程"，她主持设计了唐华宾馆、唐歌舞餐厅和唐代艺术博物馆。特别是"三唐工程"这一组建筑匠心独运，巧夺天工，充分表现了中国经典的空间关系理念和园林山水布局，通过众星捧月、奔趋呼应的建筑和意境丰富、韵味饱满的庭园，映衬、烘托恢宏雄伟

1994 年参加
黄陵祭祀大典

1996 年赴法国考察与法国
建设部官员在圣心大教堂前

1996 年在陕西美术馆工地

1997 年访问哥伦比亚大学

的古塔，形神兼备、刚柔相济，与大雁塔周边文化历史环境浑然一体并锦上添花。

随着全国经济形势的好转，作为实现周恩来总理遗愿的陕西历史博物馆项目提到了国家计划委员会的议事日程，被列为国家"七五"计划中的重点工程。张锦秋不负众望，带领她的创作团队出色地完成了这座象征"陕西悠久历史和灿烂文化"的宏伟建筑，成为古都西安的新地标。这是"十年浩劫"后我国兴建的第一座现代化大型国家级博物馆，具有浓郁的民族传统、地方特色和鲜明的时代精神。三十多年来，陕西历史博物馆接待了国内外无数观众和外国要人，成为重要的爱国主义教育基地和华夏文明展示基地，该建筑后来被评为"中国20 世纪建筑遗产"。随着岁月流逝，其光芒愈加夺目。

1984 年国务院批复了西安第二版城市总体规划，明确提出西安在今后的建设中"要保持古城风貌"。西安市领导提出"保护古都风貌要保护古建筑，突出古建筑"，及时制定颁布了古建周边限高等地方法规。但符合西安古都风貌的新建筑究竟应是什么样子，说实话，当时从省市领导到普通市民，大家都很茫然。之后，西安市领导又提出"重振汉唐雄风、再开丝绸之路"的口号。关于西安的建筑风格曾有过几次讨论，比较一致的看法是应当因地制宜，主要体现盛唐气象。遗憾的是，代表西安历史辉煌的标志建筑如周代丰镐两京、秦阿房宫、汉长安未央宫，都只留下遗址，曾经享誉世界的精美、壮丽的唐代木构建筑包括唐大明宫宫殿、寺庙现已基本无存。如何在西安今后的建设中体现大唐风貌，无疑是一道难题。正是在这个时刻，张锦秋主持设计的"三唐工程"和陕西历史博物馆让全市人民耳目一新、精神振奋，这些建筑的杰出贡献在于为西安历史文化名城保护指出了方向，成为典范。

1997 年在鼓楼上瞭望古城　　　　　　　1998 年国家剧院设计竞赛的评委们　　　　　　1998 年假日的家庭娱乐

　　进入 2000 年后，时代在进步，西安在发展，西安的经济实力有了新的跃升，开始有能力启动许多投资更多、规模更大的建设项目，对历史文化名城进行系统保护和特色彰显。这也使张锦秋的建筑理念和建筑实践得以在更加广阔的舞台上展现发挥。这十多年来，她一步一个脚印，每一个脚印都是那么踏实有力，从曲江大唐芙蓉园、大明宫丹凤门遗址博物馆、大唐西市，到世园会长安塔、临潼华清宫广场，她主持设计的每一项建筑，都为西安的发展增光添彩，带来新的辉煌与荣耀。

　　美国著名学者刘易斯·芒福德说过："建筑是永恒的文化舞台。"许多建筑需要经过岁月河流的冲刷才能成为历史性建筑，但有的建筑一诞生，就是历史性建筑。这自然是由于这样的建筑承载着历史的重托，开辟了历史的新篇章。张锦秋"脚踏着祖国的大地，背负着民族的希望"，她的作品已经成为历史经典。

　　"桃李不言，下自成蹊。"西安的变化自然会引起国人的关注。近几年，西安的新形象频频在央视春晚和各项庆祝活动中出现。备受瞩目的 2016 年央视春晚，西安和泉州成为两大分会场，同年央视中秋晚会，西安成为唯一主会场，地点就在张锦秋设计的大唐芙蓉园，让全国人民"天涯共此时"，沉浸在仙乐与美景完美结合的艺术享受之中。这个场景无疑会让国人留下深刻的印象。

1999 年 6 月访问罗马市规划局总规划师　　　　1999 年 6 月远眺帕提农神庙全景　　　　2001 年学习掌握笔记本电脑

**解读张锦秋的作品，需要了解西安的前景未来**

西安的崛起，吸引了国内各大城市的目光，也开始吸引世界的目光，给大家带来不断的惊喜。

在中央和陕西省的关怀和领导下，经过全市上下的不懈努力，如今的西安一扫千年颓势，焕发勃勃生机，古代文明与现代文明交相辉映，老城区与新城区各展风采，人文资源与自然资源相互依托，山川秀美，古风浓郁，远景恢宏。当许多城市建设陷入"千城一面"怪圈时，西安以崭新的形象、鲜明的特色重新崛起于中国城市之林。

当西安南部大雁塔、曲江池周边面貌一新之后，在西安北部也因唐大明宫遗址公园的建设而变得生动。公园最醒目的标志建筑正是张锦秋设计的丹凤门遗址博物馆。在西安的西部，出现了与著名唐塔荐福寺小雁塔相呼应、以"天圆地方"取意造型的西安博物院和彰显"古丝绸之路"商旅文化的大唐西市，整体规划和建筑设计均出自张锦秋之手。在西安的东部，以治理、修复"八水绕长安"之浐河灞河流域生态为宗旨的城市新区——浐灞生态区建设正有条不紊地顺利推进。2011 年，西安市在这里承办了以"天人长安，创意自然，城市与自然和谐共生"为主题的世界园艺博览会。张锦秋精心设计的"长安塔"就矗立在园子的最高处。

"长安塔"不仅是园子里最大的亮点，更是东北城郊最大的亮点。我曾乘坐直升飞机从空中俯瞰园景：最美丽的是园中的水景，最壮观的自然是长安塔。它俨然是全园的核心，全园的灵魂，像是乐队的总指挥，统摄着整个园子的韵律和脉动；同时，它又是全园的标志，雄浑大气，升华了西安作为"华夏故都、山水新城"的理念。没有长安塔，整个园子的建筑

2002 年中央电视台设计竞赛的评委们　　　　　　　　　　2006 年在黄陵工程现场与吴良镛、樊宏康

便显得零散无主。长安塔的造型承古开新，雄浑大器，简朴高雅，得到各方一致好评。

黑格尔评述艺术形象时喜欢用"这一个"的特定概念，以示与众不同。长安塔就是典型的"这一个"：它的造型、尺度、材质和工艺制作，只属于这里；其他现存的古塔，如果移位摆放在这里，都会变得不伦不类。

从文化解读的角度，我这里还想说一点，长安塔将给这里带来长久的安详。塔这种佛教特有的建筑传入中国两千年，一是造型中国化了，二是内涵也多样化了。除了舍利塔、藏经塔及各种纪念塔，中国民间更看重的是风水塔，保一方平安。长安塔地处泾渭浐灞四水交汇之地，立宝塔镇水，符合中国社会传统心理。这也是张锦秋为祝福西安美好远景的一份厚礼。记得鲁迅说过：民族的，就是世界的。张锦秋充满浓郁中国古典特色的建筑，正帮助西安走向世界。

最后，想就张锦秋建筑设计的艺术风格谈点我这个圈外人的看法，也算一种解读。

文学理论中有一个观点：风格就是人。许多人对张锦秋的作品称之为"新唐风"。这个提法最早出自吴良镛院士为张锦秋院士《从传统走向未来》一书撰写的序言。据我所知，张锦秋先生并未刻意求之，她更认同和倡导、秉持"和谐建筑"的理念，强调建筑与城市和谐、建筑与自然和谐、建筑与人和谐以及建筑与建筑之间的和谐，等等。

在仔细阅读了有关研究评论资料后，我赞同张锦秋的结论：她的建筑艺术风格是"和谐建筑"。无论从她设计的黄帝陵祭祀大殿到延安革命纪念馆，还是陕西省图书馆、美术馆和群贤庄住宅小区，显然不能用"新唐风"来概括。同时我也赞成"新唐风"的说法，但正确的表述应当是这样：张锦秋"和谐建筑"中有一部分是"新唐风"。但无论是"和谐建筑"

2010 年在临潼华清池以北
拟建广场的现场进行踏勘

陕西省委书记赵乐际颁发 2011 年陕西省科
学技术最高成就奖

2012 年喜看大唐华清城开放

还是"新唐风",都是与实际相结合、与时代共进取的具有开拓创新的设计理念,用时下通俗的话讲,就是"接地气"。当今艺术界有一股暗潮:书法界流行"丑书",美术界流行"丑画",许多地方也出现许多奇奇怪怪的丑陋建筑,这些作品当然都不是"接地气"。时间是试金石。

与张锦秋建筑艺术风格有关的解读还有一个话题不能回避,就是当初"三唐工程"和陕西历史博物馆刚建成以后,建筑界有称是"和风"的说法。

日本人自称是"大和民族",故所谓"和风"就是"日本风"。以我这个圈外人字面理解,这种说法似乎不认为张锦秋的作品代表了"中国风"。我曾发表过一篇考察日本奈良、京都的文章,其中讨论过这个话题,在此简要表述。

唐代佛教寺院林立的恢宏景观如今只能在敦煌莫高窟壁画中看到;西安慈恩寺大雁塔西侧门楣上还保留了唐代佛殿式样的石刻图,弥足珍贵。经梁思成、林徽因先生实地考证,国内现存较早的唐代木构建筑是建于公元 857 年、唐大中十一年的山西五台山佛光寺大殿,这就使建于公元 607 年的奈良法隆寺(又名斑鸠寺)成为当今存世最早、也是最大的木构建筑。因此有人提出"中国唐代建筑在日本"的说法。也就是说,寻找中国隋唐建筑的式样,只有到日本奈良、京都。这确实令人感叹!

客观地讲,日本虽然是领土狭小的国家,却是一个学习过中华昌盛时期"大世面"的小国,不是"夜郎自大"的"井底之蛙"。从文化的形成、发展看,日本文化从本质上、气度上是一种"小"文化,却是一种能够吸收"大"文化的"小"文化。从盛唐到晚清,日本顽强学习世界强国时的"卑下"态度曾令许多中国志士"汗颜"。直到今天,日本还有许多学者在坚持研究中国,

2012 年 7 月与矶崎新共同主持国家美术馆新馆建筑方案评审会　　2015 年 5 月 8 号在"张锦秋星"　　2016 年 4 月与西北院新晋陕西省大师们合影留念
　　　　　　　　　　　　　　　　　　　　　　　　　　　命名仪式上

许多功夫令中国的学者自愧不如。比如，沟口雄三（1932～2010 年）的许多著作就值得一读。

　　无疑，日本在隋唐时期向中国学习了许多，奠定了日本的古代文化基础。比如，原来的国名"倭"或"倭奴国"是中国起的，后来自己改称"日本"、"大和民族"，也是受到中国文化的启发。"和"与"倭"在日语中音读和训读"Yamato"（やまと）虽然是一样的，但"和"字确实取于中国《论语》中的经典名言"和为贵"。

　　但是，去过奈良、京都的人都会发现，日本现存的古建筑，并没有完全照搬中国，他们在建造时充分考虑了本地海洋气候的影响以及地震多发、建材也不如中国充足等因素。走进奈良、京都各个寺院，都能看到房屋上那伸张很远的飘檐、架空的台座、注重材质的装饰性，这都是典型的日本风格。另外，寺院的整体布局不对称，建筑的体量、尺度也较为轻盈。日本近代著名建筑史学家关野贞（1868～1935 年）在 1929 年所著《日本建筑史》中明确指出：日本"在上古所建造的建筑中，引进了中国、朝鲜等大陆建筑，逐渐形成和大陆建筑有所不同的我国所特有的建筑形式"。关野贞是日本建筑界泰斗，应当说，他的论述有相当的代表性。

　　据我所知，张锦秋先生于二十世纪八九十年代曾多次赴日考察过奈良、京都、香川、九州的传统建筑，在学习"和风"建筑过程中，她着重厘清了"和"与"唐"的异同，比如隋唐建筑格局宏大、造型端庄、材质敦厚，以及挑檐挺拔、护栏多用汉白玉等。同时，除了继续学习领悟梁思成先生关于中国古代建筑研究的成果，她还认真研读学习我国建筑历史学家傅熹年等先生多年对唐代建筑的研究成果，跟踪收集国内不断充实的考古发掘资料，从而对隋唐建筑有了更为到位的把握。因此，张锦秋先生开创的"新唐风"系列建筑，真正继承和

2016 年 6 月在全国科技创新大会
两院院士大会上

2016 年 7 月与华夏所的年轻人讨论西安浐陂湖文化生态旅游区
概念性规划

代表了中国隋唐建筑的宏大气象和优秀传统，其创新点在于准确地把握时代精神并与历史及环境和谐统一，追求"神似"与完美，并非只拘泥"形似"。

正是大唐芙蓉园、曲江池遗址公园、法门寺殿堂、慈恩寺玄奘纪念院、大明宫丹凤门等系列建筑的实践，令国人感受到与奈良、京都不一样的纯正中国隋唐建筑的风范和气度，成功地回应了西安如何彰显历史文化特色的难题，得到全社会的普遍认同和尊重。这也是我国倡导"文化自信"的一种底气。

经过改革开放以来三十多年不懈的探索，西安终于找到了一条属于自己特色的道路。这就是经过反复提炼，终于达成共识的西安定位：把西安建设成一座具有历史文化特色的国际性现代化大城市。如今，随着"一带一路"远见卓识国家战略的实施，作为古丝绸之路的起点，西安再次进入国家战略的前沿阵地，成为"丝绸之路经济带"上的重要节点，西安将大显身手，前景无限美好。

由于工作的关系，近十年我十分庆幸能够经常见到张锦秋先生和韩骥先生，有当面聆教的机会，他们擅长的专业、渊博的学识与高尚的职守，到他们善待朋友的诚挚与厚谊，令我如沐春风，获益甚丰。谨以此文表达一个西安老市民对先生的敬佩之情和衷心感谢。

执笔人：梁锦奎
二〇一七年一月十六日修改

展览侧记

SIDELIGHT OF EXHIBITION

# 一、参观场景

  本次作品展览仅一个月，又恰逢国庆黄金周，作为展览的策划和设计者，我们忐忑地期待观众的检验和评价。为此，特意制作了介绍展览的简介，组成了以张锦秋创作团队——华夏所为主体的青年志愿者，每天义务为观众介绍展览，并且专门制作了现场观众问卷表，定量分析展览的效果。

  令人欣慰的是这次展览取得了满意的效果，许多观众从开幕式的报道，从网络的传播和观众的互相转告中得到消息，络绎不绝地涌向博物馆，每天展览参观人数持续

展览一瞥

保持在两千人以上，常常使不足千米的展厅水泄不通，气氛热烈。

　　在陕的许多建筑院校师生把参观展览作为一堂生动的建筑课，城市管理部门也把参观展览作为进一步了解西安的阵地，西安的设计院的建筑师也把参观展览作为一次向张大师学习的机会。全国各地的建筑师把参观展览作为到西安的一次特殊的建筑之旅。北京土人的设计师分批专程到西安参观。《中国建筑文化遗产》杂志主编金磊专程到西安参观展览，他感慨地说，这次展览创造了三个第一：第一次为一个建筑师在国家级博物馆举办个人作品展，第一次在城市公共空间大规模地面向公民普及建筑文化，第一次用视频航拍完整介绍建筑及其环境。

据不完全统计，在此期间我们共接待了来自全国的六万观众。

来自全国各地的观众，在熙熙攘攘的人群中总要找一个最佳视角与陕博合影，参观完后总要在廊下静坐凝思。我们并不奢望一次展览能产生多大的效果，但我们坚信一次有意义的展览能在一个人的信念中产生震撼。

我们常常看到许多观众围绕着一个个展台，认真聆听青年志愿者的讲解，不时地举起相机拍摄自己感兴趣的镜头，详细地研读文字介绍，一遍又一遍观看视频，在张锦秋手稿前徘徊，在张锦秋的油画和长安塔前合影。

许多参观者喜欢围绕着记录张锦秋建筑人生的珍贵照片默默体验建筑人生，沿着张锦秋的建筑之路寻求建筑师自我成就之路。

虽然大部分参观者并非专业人士，但在看到陕西悠久历史的同时，他们也在品味建筑本身。这虽是一个建筑师的个人档案，也是西安改革开放的城建缩影和共和国一段重要的建筑史。

一位建筑学专业学生认真看完展览后对同伴说：以前我的关注点是建筑的形式和创新，在学校我更多关注西方文化和外国建筑师，我从没有系统地看过张锦秋院士的建筑作品，但从今天的展览，我看到了中国建筑文化的博大精深，加强了对传统文化的自信。

还有建筑师说：我从头到尾参观后，从心底里敬佩张院士的努力，我们设计好一个建筑都很难，张总设计了这么多好建筑，一定付出了比常人更多的努力，她的作品有深度、有内涵、有场所感，她的作品能经得起时间和历史的考验，纵观西安的现代建筑，能称得上标志性建筑的仍然是她的作品。就像建成近三十年的陕博，历久弥新。

一位开发区的领导看完展览，深刻领会张锦秋建筑作品的前世今生后，深有感触地说：开发区虽然代表了西安未来的发展，但也应反映西安的历史文化，它应是西安历史与未来的组成部分，在开发区，我们缺乏的就是这些能打动人心灵的建筑。我抽时间一定要陪我女儿再来参观，让他们这一代更好地弘扬西安的历史文化。

西安市规划界的同仁表示：我们许多同志并没有理解特色城市与和谐建筑的真谛，张院士是从内心热爱西安这座城市，她是这座城市的雅典娜，通过展览，我们应更加自觉和理直气壮地保护和弘扬西安的特色和文化。

来自外地建筑学院的学生，激动地说：我们国庆小长假原决定到九寨沟游览，当我们得知在陕博有张锦秋建筑展的时候临时决定北上西安，我们参观完展览，又实地参观了她的建筑，反过来又系统看了一遍她的作品展，受益匪浅，它使我们知道了张锦秋建筑创作的来龙去脉，她代表了新时代的工匠精神，也使我们更加敬佩她的创作勇气和工匠精神，真是一堂生动的建筑课。看到一个好建筑如同在酷暑中的一次畅饮，在饥饿中的饕餮大餐，张锦秋建筑作品展以及陕博的参观有这种感觉，真是不虚此行！

许多建筑爱好者凝视着阿倍仲麻吕栏杆的图样，那是张锦秋当时所画的1：1建筑草图。她对建筑完成度的关注和坚守也是建筑界所罕有的，许多照片都是她在工地现场的照片，难怪她的每一座建筑都有很高的完成度，件件是精品，工地是她的舞台和战场。

还有参观者对三十年前张锦秋院士亲自编制的进度很感兴趣。字体工整认真，计划详细具体，透过这张普通的进度表，我们看到了一丝不苟的工匠精神和对工程进度的承诺，也能理解她的作品的深度和精细度。

许多家长带着孩子总喜欢沿着内圈建筑人生的展线完整地走一圈，实际上也是大师建筑人生的重要坐标。它拉近了院士和大家的距离，八十年的孜孜追求，也给我们树立了人生的楷模。我们不知有多少青少年在这次展览之后开始爱上建筑，喜欢西安这座城。

本次展览，是一次向公民宣传城市建筑的重要契机，长期以来西安在昔日灿烂的历史文化和今日相对落后的现实中寻找自我发展的定位，要从内心梦想重回世界的中心，必然有发展之路之争，展览给了大家一个清晰的道路，同时它是一次对西安城市建设的总结和发展共识融合。

临近展览结束的日子，展览现场更是人头攒动，许多人结队而来，大家依依不舍，希望能作为一个常设展览永久陈列。

## 二、媒体一览

　　"天上一颗星，地上一座城"，用这句话来形容张锦秋真是再合适不过了。

　　在地上，扎根西部，情系西安50年的张锦秋，先后设计完成的陕西历史博物馆、"三唐工程"、陕西省图书馆、美术馆、群贤庄、大明宫丹凤门、长安塔、大唐芙蓉园等一系列经典作品，已经和西安众多历史悠久的古老遗存一起，构成西安市的新地标。

　　如今，张锦秋设计的一批作品，不仅成了西安城市的新地标，而且为西安的城市特色定位作出了卓越贡献。

展览期间，全国各大媒体进行了全方位、多角度的报道和评论，建筑学报、世界建筑、中国建筑文化遗产杂志、中国建设报、陕西日报、西安晚报、华商报、新华网、人民网、凤凰网、光明网、陕西电视台、北京电视台等媒体在开幕式和展览期间都进行了广泛的报道和积极响应。普遍认为张锦秋建筑作品展旨在传承与传播建筑文化，丰富人民的精神生活，让公民了解建筑，走进城市，成为城市发展的共同建设者与建筑文化的传播者。本次建筑作品展的意义重大，内容丰富，形式多样，开创了我国建筑展览的先河，也是中建西北院繁荣建筑创作，坚持文化自信和精神文明建设的重要举措。各方都对张锦秋个人的创作给予了高度评价："她在半个多世纪的建筑生涯中，立足历史的高度，脚踏陕西这片热土，努力探索中国传统与现代结合的建筑创作道路，作品具有鲜明的地域特色，融规划、景观、园林于一体，形成了'和谐建筑'理论，创作了一批堪称经典的建筑作品，成为中国建筑史的重要组成部分，为西安创建具有历史文化的国际化大都市作出了不可替代的贡献，为中华民族的伟大复兴贡献了聪明才智，是当代中国建筑师的楷模。"

作为全国历史最悠久、最权威的建筑专业媒体，《建筑学报》评价本次展览"是对一名建筑师辛勤耕耘五十年的礼赞"。《世界建筑》称赞此次作品展是一次"可以使观者深入了解作品产生的背景、过程和她的思考，为广大同行和公众提供了建筑交流与学习的契机，是一次难得的'弘扬建筑文化、激励创新精神'的文化自信与文化自觉之旅"。

《中国建筑文化遗产》杂志评价展览本身也是 2016 年重大的建筑文化事件。"在这个建筑展的微观城市中，张大师的作品穿越沧桑古城，以今人之思重回盛世之巅——十个代表作支撑起一座古城的唐韵新风，十堂建筑课传递出这片土地的精魂。她对传统风格的坚持延续着建筑的生命，在天、地、人的有机生长中，激荡出星空中闪耀的建筑师英名。"

北京电视台在展览期间专程到西安对展览进行了专题报道，并对策展人赵元超进行了专访，在"北京！您早！"全方位报道："城市的灵魂在于文化，城市的魅力在于特色。张锦秋着眼于促进历史文化与当代生活的和谐，人与城市的和谐，人与自然的和谐，人与人的和谐。在建筑形式和空间的构成上追求传统风格的自然美、技术美以及时代美的有机结合，把东方文化和西方文化精华有机结合起来，向世界展示了中国建筑历史的底蕴和灿烂文化的勃勃生机。"

西安新闻广播对张锦秋作品高度评价："和谐建筑，遇盛世而旖旎；独运匠心，融古今以弥新"，并称此次展览是"用蓝图演绎人生，以光影记忆时代"。

　　《中国建筑》以"她的作品展缘何吸引大批'建筑大佬'？"为题，详细分析了她在西安的作品。

　　西安扑通网称张锦秋院士"是中国国宝级建筑设计大师，用了整整半个世纪，只为给我们一座更美的西安城"！　"一代代建筑大师用他们的热情，为我们留住了这座城市的魂，只要魂还在，长安就永远不朽！"　"这位被尊称为先生的女性建筑师，就是那些留住长安建筑之魂的大师。今年下半年西安文化界有两件'大事'，第一就是央视中秋晚会，第二就是丝绸之路国际电影节，中秋晚会举办地是大唐芙蓉园，电影节举办地是大明宫遗址公园。我们可以发现，这两处都有浓浓的张锦秋印记，西安不愧为锦秋之城。"强大的自媒体在微信上也广泛评述："这次展览让我们更加了解西安，更加热爱西安。"

　　在作品展览期间，展览所在地——由张锦秋三十年前设计的陕西历史博物馆成功入选"中国 20 世纪建筑遗产"，为展览增添了别样的色彩。10 月 25 日，张锦秋建筑作品展在大家的依依不舍中落下帷幕。

# 三、观众留言

以下实录部分观众在参观展览后的感言。

通过此次展览了解了张大师的作品，对于扩大西安的影响力有很大的帮助，它就是古城西安的缩影，建议张大师为西安的建筑方面的形象大使，希望国家多出张大师这样的人才，为国增砖添瓦。

——北京游客

作为一名建筑行业工作者，真的觉得自豪！

——范文莹

中国心　民族魂　华夏风

——长安大学栾卫东

张院士的展览很震撼，一个女性在平凡的岗位作出了非常了不起的成就。张院士的作品将成为陕西永久的地标，将载入史册。一生孜孜不倦的进取令人敬佩，堪称"居里夫人第二"。感谢您，张院士！您是陕西女性的骄傲，我的精神榜样。

——志愿者王毅

对张先生由衷敬佩。作为一名古建筑爱好者，希望在张先生指引下看到传统建筑文化的传承与复兴！也感谢两位青年才俊的精彩讲解。

——西北大学哲学系袁未伟

大雅和谐，荣县骄傲

——四川荣县韩明

传承中国古代建筑文化

——上海季光

张院士的作品艺术与自然、人文与自然完美结合，是更富有中国文化特点的传承。

——云南游客

把工作当事业，留华彩于后人

——重庆游客

通过学习张院士作品，深刻感受到中国文化的博大精深与奥妙，深受启发。

——长沙游客

一位建筑师与一座伟大城市的互相成就，追随大师足迹，感叹西安发展建设，我辈仍需努力！

——华艺设计公司

该活动能将张院士对于中国传统建筑的精华思想直观地展现，通过项目背景、环境、人文历史等方面考虑衍生出一系列古建精品，对于业内人士、专家学者、大专院校甚至普通百姓对中国传统建筑

认识有了一定的理解，希望以后会有更多类似的"亲民"活动举办。

——陕西省建筑设计院

张锦秋院士作品能够发现城市的个性化文化，建筑个体与城市地域文化结合，希望看到更多优秀作品。

——上海刘佳

永恒而又伟大的设计，大师是我们的骄傲，是中国人的骄傲。

——北京游客

张大师的作品犹如一座座活着的博物馆，融入了太多的中华文化知识，让人感叹不已！深深感动！

美丽西安　文化源头

——江苏董景云

精湛设计　永载史册！

——刘桂芳 陈初聚

张锦秋院士不愧为中国建筑师的楷模，对于西安，对于全国，对于中国建筑文化的传承与创新的贡献如此巨大，值得世人尊重与景仰，作为中国人，我们如

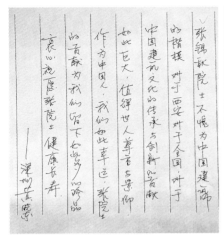

此幸运，张院士的贡献为我们留下如此多的珍品。祝愿张院士健康长寿！

——深圳观众

今天带大一的学生来参观，特别感谢能有这次机会近距离感受张锦秋院士作品展魅力。对我们刚入学的大一新生也是很好的学习机会，让他们具体全面地了解陕西建筑的特色与设计理念。收获多多！

——陕西国际商贸学院老师

锦秋院士是中国传统建筑艺术的当代集大成者。当下西安的厚重，大半来自锦秋院士的建筑作品。意欣欣然，向她致敬！

——黛召印

从传统走向未来，张院士用她的智慧、胸襟和实际行动，为古都西安和当代中国创造了一笔无与伦比的宝贵财富，为华夏文化书写了一部永不磨灭的宏伟篇章。

——西安建筑科技大学

发扬长征精神，筑建富强祖国，学习院士风范，创建土木奇观。

——西安建筑科技大学研究生

现代西安古城的大气恢弘与张院士的智慧学识功底修养息息相关，感谢张院士让西安如此美丽、深沉、厚重，有历史感。张院士，我们崇拜您，我们爱您！

——西二院

我最有感触的是法门寺建筑，让我喜欢上了建筑这门科学。

——西一路小学

天地很小，世界很大，西安更大。

——宁夏游客

虽然不是建筑和设计专业的学生，但参观了张大师的作品之后，深深为张大师的精湛技艺折服，无愧为大国工匠的化身。

——西安交通大学学生

今天来这儿观赏了，感觉十分高大上，以后再去实景欣赏下。
巧夺天工，美轮美奂。

——李晨

来源于古代，设计于现实，超越于未来。

——长安大学研究生

看了您的作品，感觉您太了不起、了不得了。感谢您把西安打扮得这样美！西安太漂亮了！爱西安！爱您！

——北京陈松

观众留言

三顾陕西历史博物馆，终得一见，感慨颇多。

——北工行 丁丽红

继往开来，当代大师。

——上海徐军

参观张大师作品展，不仅了解她作为建筑大师的设计才华，更加敬佩她执着、认真的敬业精神，并祝她生日快乐！

——刘梅

致敬爱的张大师：把深厚的历史，用您的生命和智慧呈现给后人，让子孙了解中国历史风貌。

——西安游客

西安之行受益匪浅，期待下次与西安的约会。

——青岛游客

尊重历史 尊重文化 尊重文物 尊重祖先

——张小平

满城锦绣长安古 千里秋风雕栏中

——西工大附中

很喜欢钟鼓楼广场的设计，能完整地观赏两座古代建筑的风貌。

——天津大学学生

张锦秋大师传承和发扬了我国建筑的精髓，给中华文化留下了宝贵财富，引领着中华自信，值得人民拥戴。

——新疆考察组 13 人

来参观最大的感触是：在观看唐华清池的设计时，突然一个小朋友跑过来欢快开心地说：好漂亮啊！我觉得"童言"就是对艺术的一种赞美，而这就

够了。

——渭南游客

凝中华文化之精华 集现代文明之功能

——陈怀德 徐乾易 刘绍周

设计是一种选择。先生选择了延续历史传统再生，是我们后来者学习的标杆。

——上海游客

人文设计，天圆地方，中华文明，源远流长。

——辽宁工行 路宝军

现代城市的风貌，已难以再现历史，唯独张锦秋大师的手笔让一座现代的城市中出现了它的历史和悠久。希望这样的风格与情怀能延续下去。

——西北大学学生

（本篇执笔人：赵元超 高雁）

第五篇

# 志愿者的报告
THE REPORT OF VOLUNTEERS

张总的设计团队华夏所设计师在展台前合影

志愿者现场讲解

志愿者现场讲解组图

　　为了充分利用展览这一难得的机会，与最广泛的观众群体进行面对面的交流，为他们讲述作品背后设计者的困惑与思考，倾听他们品评参观或体验过的认知与感受，张锦秋院士的工作团队——中建西北院华夏所的年轻建筑师与院部分主创建筑师组建了一支志愿者团队，在为期一个月的展览中为观众义务讲解并展开问卷调查工作，从而获得了来自建筑终极评判者——最广泛使用群体的评价与反馈。这些声音是一笔宝贵的财富，开启了我们的视野，震撼了我们的心灵。本文分调查表分析、观众反响、志愿者的心声三部分报告如下。

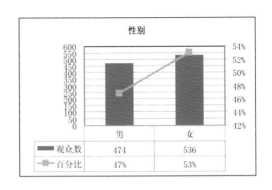

| 性别 | 男 | 女 |
|---|---|---|
| 观众数 | 474 | 536 |
| 百分比 | 47% | 53% |

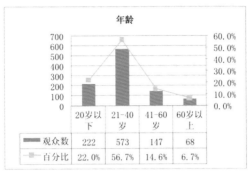

| 年龄 | 20岁以下 | 21-40岁 | 41-60岁 | 60岁以上 |
|---|---|---|---|---|
| 观众数 | 222 | 573 | 147 | 68 |
| 百分比 | 22.0% | 56.7% | 14.6% | 6.7% |

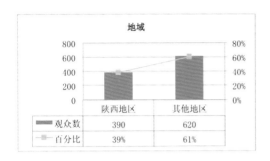

| 地域 | 陕西地区 | 其他地区 |
|---|---|---|
| 观众数 | 390 | 620 |
| 百分比 | 39% | 61% |

# 一、调查表分析

为了解观众对张锦秋院士建筑作品及建筑思想的评价，进而分析社会各阶层对传承中国传统建筑文化、发展中国现代建筑的理解和认知情况，我们开展了一次观众调查活动。

◆调查的内容、对象与方法：

1. 展览期间的观众构成，包括性别、年龄、职业、居住地分布、展览信息来源等。

2. 不同类型的观众最喜爱的由张锦秋院士设计的作品。

3. 不同类型的观众对张锦秋院士的贡献的评价。

4. 对张锦秋院士作品持不同态度的观众类型。

调查方法及对象：

调查采用问题选项的形式，在"张锦秋院士建筑作品展"展厅进行。对象选取的范围是参观完此展览的自发观众，即不包括受邀嘉宾和专业单位组织参观的非自发观众。在三十天的展览期内，观众共填写调查问卷 1010 份，其中中文问卷 992 份，英文问卷 18 份。

◆调查的数据整理与分析

1. 观众构成：

1) 性别：男性约占 47%，女性约占 53%。

2) 年龄： 21 ～ 40 岁年龄段人数最多，占观众总量的 56.7%。其次是 20 岁以下年龄段占 22%。

3) 观众来源地：陕西观众占 39%，外省市观众占 61%。

4) 观众对展览信息的获取途径：

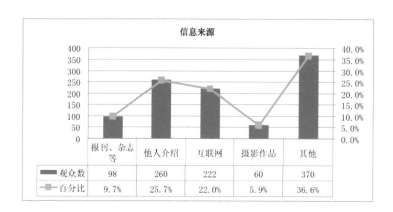

5) 职业：学生是人数最多的群体，占观众比例的 41.8%。

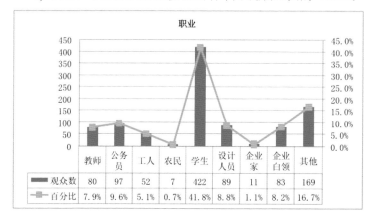

6) 观众对张锦秋院士及其作品的了解程度：超过半数的观众听说过张锦秋院士或曾经参观过张院士的作品，分别占 58% 和 50%。

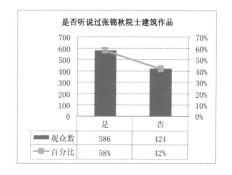
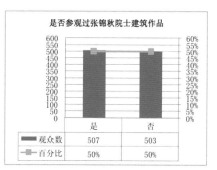

2. 观众对张锦秋院士作品的态度：

1) 观众对张锦秋院士的基本态度：绝大多数的观众喜爱张锦秋院士的建筑作品，占观众比例高达 95%。

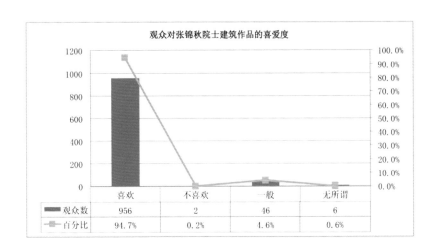

2) 观众对张锦秋院士的典型建筑设计作品的喜爱程度：最受观众喜爱的作品是陕西历史博物馆，其次是大唐芙蓉园和大雁塔风景区"三唐"工程。

3. 观众认为张锦秋院士的突出贡献所在：

观众的总体认知：主要在于注重传统与现代的结合，其次为突出传统建筑风格。

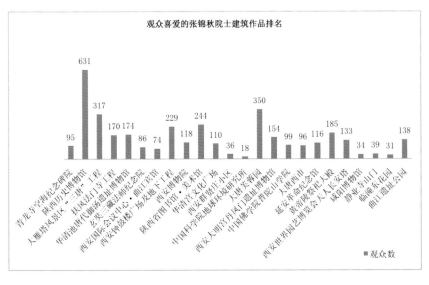

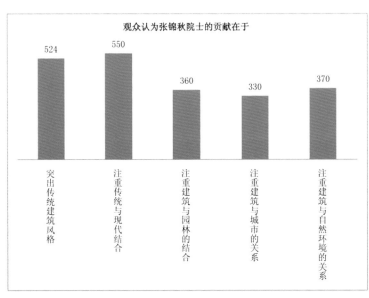

填过调查表的自发观众可分成三种类型：一种是专业设计人员，占观众比例的9%；另一种是非专业人士，又分为两种，一是对张锦秋院士及其作品有过了解的，听说过张锦秋院士或参观过张锦秋院士的作品，占观众比例的53%；一是完全不了解张锦秋院士及其作品的，占观众比例的39%。专业设计人员多为专程来参观，在参观后认为张院士作品的最突出贡献是注重传统与现代的结合。非专业人员中认为张院士作品突出贡献在于传统建筑风格明显的所占比例较高，凸显了专业人员与非专业人员的认知差别。

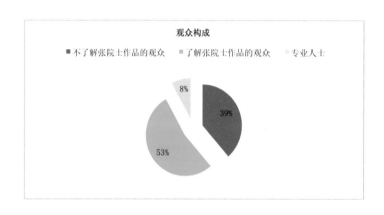

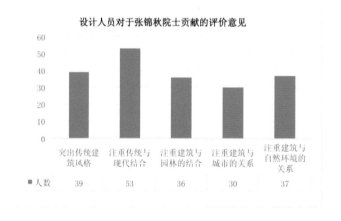

了解张锦秋院士作品的观众对于其贡献的评价意见

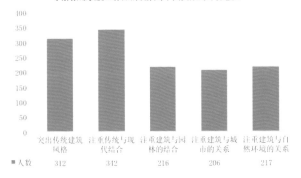

| | 突出传统建筑风格 | 注重传统与现代结合 | 注重建筑与园林的结合 | 注重建筑与城市的关系 | 注重建筑与自然环境的关系 |
|---|---|---|---|---|---|
| ■ 人数 | 312 | 342 | 216 | 206 | 217 |

不了解张锦秋院士作品的观众对于其贡献的评价标准

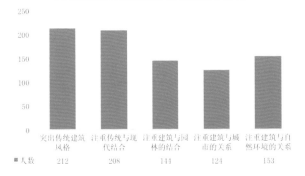

| | 突出传统建筑风格 | 注重传统与现代结合 | 注重建筑与园林的结合 | 注重建筑与城市的关系 | 注重建筑与自然环境的关系 |
|---|---|---|---|---|---|
| ■ 人数 | 212 | 208 | 111 | 124 | 153 |

观众填写问卷

◆ 总结与思考

1. 本次展览是一次建筑专业展与大众的对话，展览期间又恰逢国庆黄金周，吸引了大量民众前来参观，其中非专业人士占到 92%，外地观众占到 61%。从这一点上来讲，本次展览无疑是非常成功的。

2. 本次调查中喜爱张锦秋院士作品的观众比例达到 95%，并且非常认可张锦秋院士注重传统与现代相结合的建筑思想。表明了普通大众对张院士建筑创作思想的认可，对传统文化的喜爱和对将优秀传统文化与现代建筑相结合的期待。

3. 本次展览吸引了大量年轻人前来参观，观众中 40 岁以下的年轻人占 78% 以上，说明年轻一代对城市环境和建筑空间的关注日增，更加关注优秀传统文化的传承，且具有更强的文化自信。

4. 不足和反思：本次展览主要是以建筑课的形式展示工程实例，而一些观众在参观完后表示对于张锦秋院士的创作过程和设计思想展示偏少，而还有一些观众想更多地了解张锦秋院士的成长历程。另外，虽然每天安排 2 ~ 3 名志愿者轮番讲解，但还是无法满足大量观众的参观需求，导致一些观众走马观花，还是有些缺憾的。

## 二、观众反响

　　展览历时一个月，参观的人很多，有尚在稚龄的儿童，也有耄耋之年的老翁；有从业多年的前辈，也有建筑院校的学生；有慕名而来的"粉丝"，也有信步闲庭的游客；有业界专家学者，有政府官员领导，有文化名人，有微服的将军。这里有很多令人感动的人和事，有很多难以忘怀的情和景。

**展览是西安旅游的指南，是集中展示西安形象的窗口**

　　有许多外地游客甚至外国友人前来参观展览。这些观众对西安都一知半解，但他们对展览很感兴趣，觉得展览就像西安的旅游指南，让他们更加了解西安，喜爱西安。

　　一对以色列的情侣参观完展览之后，对大唐芙蓉园赞不绝口，他们立即调整旅游行程，从陕博就直接去大唐芙蓉园了。他们说，他们喜欢西安，喜欢这个充满中国味的城市，"芙蓉园就是地道中国味"。

　　有一个妈妈带着 10 岁左右的儿子来，小朋友听得很认真，说他喜欢黄帝陵和丹凤门。黄帝陵和他去过的希腊神庙很像，都没有墙，只有柱子，有一种神圣的感觉。丹凤门能让人感受到盛唐的气息，尤其是它的颜色，似乎是从大唐走来，历经沧桑的化石。

　　张院士的这些建筑作品已然成为外地人眼中西安的名片，代表着大家心中的"长安"。

**展览是建筑认知的启迪，是中国传统建筑文化的演绎**

　　张锦秋院士作品展在展出过程中，有许多学生专程而来，例如大学南路小学一个班级的同学们在老师带领下集体前来参观。参观后他们说："真没想到张奶奶做了这么多建筑，这么宏伟，真不知这些建筑是怎么建成的，很佩服张奶奶。"小朋友们对建筑设计的过程很好奇，我们说欢迎他们到设计院来了解奶奶、叔叔、阿姨们怎么设计房子，也希望他们好好学习，多多扩展兴趣爱好，以后有机会我们一起来像张奶奶一样，设计建筑、规划城市。老师说，他们学校设立了兴趣课，其中就有建筑认知，许多孩子都对建筑感兴趣，这次展览集中展出的这些建筑，传承了中国传统建筑文化，作为孩子们的建筑认知非常合适，说这是对孩子们很好的建筑启蒙。

另一批是长安大学建筑专业两个班的大学生，老师组织他们在礼拜天由北郊渭水校区赶来参观。我们志愿者着重从专业的角度给他们仔细讲解了一个半小时。大家听完感觉意犹未尽，学生们还争相提问。有同学说："这里好像是建筑历史实践课。"老师希望我们志愿者能去学校给学生上一堂张锦秋作品的实践课。

西北工业大学附属中学两位同学在看完展览后在留言簿上写道："满城锦绣长安古，千里秋风雕栏中。"

## 展览是爱好者们的节日，是对作品根植于心的认同

有这样一类参观者，他们对张院士的建筑作品充满了浓厚的兴趣，在展厅里，对这些作品如数家珍，因为他们要么是生活在其中的市民，要么是对传统建筑文化有着浓厚的兴趣，非常欣赏张院士的建筑创作理念及建筑作品，从而多次到张院士建筑作品实地去亲身感受过。

有一位老先生，当我们欲为他讲解张院士建筑作品时，他却微笑着说："我对张大师的作品都非常了解，并且都去过，还不止一次，听说在陕博举办大师的建筑作品展，我就来看看，说不定能遇到她本人……"说话间，老先生从包里拿出一摞纸，说："看，这是我为大师建筑作品特意作的诗"。他激动地翻开每一页给我们看，青龙寺、法门寺、黄帝陵、芙蓉园、华清池……张院士主要建筑作品都在其中，随后他一一朗诵给我们听，并为我们讲解每首诗的创作过程及大意。

### 满庭芳·陕西历史博物馆

灰瓦白墙，飞檐高拱，崇楼藏宝一堂。走狮环翠，四隅竞辉煌。

远眺终南雁塔，朝晖映，古韵新妆。恢弘气，东方文脉，千载砺锋长。

### 鹧鸪天·青龙寺空海纪念碑院

高寺煌煌照旭阳，繁樱姹紫御衣黄。云风阁望东瀛路，使子学归几度霜。

真言祖，海天茫。竹月轩前柳飞扬。长安史话书千卷，尽入春光万里香。

### 蝶恋花·三唐工程

塔耸天穹千载壮，柳岸曲江，慢看三唐靓。趋奔回廊迷树巷，管弦袅绕穿绣幛。

景换人移今古傍。虚实柔刚，夜月风铃荡。四海游人归意忘，霓裳小醉诗怀畅。

……

老先生当场吟诵诗篇

有三位阿姨，她们说："我们是张大师的铁杆儿粉丝！她的建筑作品我们都去过，一听说陕博有大师的作品展，姐妹们赶紧就来了。"看完后非常激动地说："这个展览举办得太好了，看了大师的作品展，心中充满了幸福感！我们生活在西安，享受着充满大唐风韵和大师心血的众多雄伟建筑，我们自豪！兴奋！骄傲！请转达粉丝们向大师的问候，祝大师合家欢乐、健康长寿！"

张院士倡导的"和谐建筑"之美和她建筑作品的亲民性，在展厅中见诸深情的诗句和爽朗的笑声。

**展览是城市管理者的课堂，是城市建设决策者的借鉴**

四川荣县是张院士的家乡，荣县县委书记韩书记一行六人专程来到西安参观作品展，他们兴致勃勃，急于从张院士的建筑中汲取营养，急于将张院士的设计理念带回去。当我们给他介绍丹凤门遗址博物馆项目的时候，韩书记详细询问了唐代建筑特点，他了解到铇钉门、直棂窗、平缓的屋顶、硕大的斗栱等，并将这些特点记录在了手机上。他说："唐代女皇武则天的故乡就在四川，唐玄宗安史之乱以后又到四川避难，所以唐文化在四川也应该得到传承和发扬。"韩书记对随行人员说："我们家乡也应该搞一些具有文化特征的建筑，因为建筑是长久存在的，建筑上的文化气息能够长久地唤起人民的自豪感，也能够使我们民族的文化得以继承和发扬。"当我们通过芙蓉园和丹凤门等几个项目向韩书记阐述了张院士在设计之初首先要考虑保护遗址时，韩书记对张院士深表敬意。韩书记说："遗址是老祖宗给我们留下的文化遗产，是我们中华民族悠久历史的集中体现，我们每一个中国人都应该像保护自己的生命一样来保护这些遗址，在这方面，张先生又一次给我们作了表率。"走到大雁塔风景区展台前，通过我们的介绍，韩书记了解到张院士对该片区的设计是先从全局进行规划，统筹考虑该地区的建筑风貌之后，再设计每个建筑单体，这样才得以整个地区风貌统一，主从有序，特色鲜明。韩书记对张院士这样能够站在城市管理者的高度，从大方面控制城市整体风貌深表钦佩，并向随行的规划局长说："你们作为城市建设管理部门，以后一定要学习张院士，把城市的风貌统筹好、管理好，这样我们才能对得起群众的重托，对得起我们美丽的城市，对得起子孙后代"。最后韩书记依依不舍地离开展厅。

**展览是亲历者们的回忆，是西安五十年城建史的浓缩**

展出过程中，让我们印象最为深刻的参观者，就是这些作品的亲历者，他们比我们更熟知这些建筑的故事。

这其中有设计院的老职工，他们当年和张院士一起奋斗设计，完成了这些经典作品。他们向我们讲述的是张院士对设计的执着，在那个手绘图板的时代如何一笔一画描绘作品，如何从当年一个女性年轻建筑师成长为现在作品林立的大师、院士。也有建筑的亲身建设者，看着从自己手中诞生的精品，回忆起张院士如何在工地现场指导施工，又是如何同工人师傅一起研究解决问题。她会为了一块石头和甲方争执不下，对建筑细节的执着才成就了这些建筑精品。

还有一类亲历者，他们是城墙根下的老西安。他们见证了破旧的钟鼓楼地区变成了现在的"城市客厅"，见证了棚户区的大明宫崛起雄伟的丹凤门，见证了沼泽地变成风光旖旎的曲江池。展馆中有一位保安同志，他值班时总喜欢驻足钟鼓楼广场的模型前。他说："我就是这里的老居民，那些乱七八糟的房子清理以后建成的这片广场让娃们有了耍的地方，老人有了夏凉的地方。我们住在这儿更撩了。很多西安的照片都选的我们这儿，让我们这儿的人很骄傲。"

正是接触到这些人，倾听他们口述的历史，让我们感受到了这些作品有血有肉的建设过程，感受到张院士在建筑创作背后的坚守，感受到一名建筑师之于一座城市的责任。

**展览是建筑业界的盛事，是新时代语境下交流的方向**

在一个月的展览期间，参观人群络绎不绝，其中就有广大的建筑、规划行业的专业人士。期间全国副省级城市规划院联席会议、2016年建筑设计行业院长论坛及新时代语境下的地域建筑创作论坛都在西安召开，与会的专家领导也参观了本次展览。

在参观展览后，很多业内人士由衷祝贺本次展览的成功举办，对张院士一生坚守的建筑创作道路及所取得的成就表示深深的敬意，同时认为这不仅仅是一次建筑专业人士参与的展览，而是面向全社会的文化传播，全面展示了张院士的建筑人生和中国传统建筑文化在当今社会的发展成果，可以说建筑行业的展览面向社会是第一次。中国建筑文化博大精深，张院士一生致力于传统与现代结合的建筑创作的道路，为今天的人们提供了借鉴。

## 三、志愿者心声

一个月的志愿者工作，我们意犹未尽。一遍遍的讲解，我们自己对张院士作品的理解也得到了进一步充实和提高；观众在欣赏作品时传达出的真实感动也让我们作为华夏所的一员倍感自豪；通过与来自五湖四海的中外参观者交流，我们深刻体会到观众对中国传统文化的挚爱，对根植于传统文化的张院士作品设计理念的理解和认同。尤其是一个建筑师作品展带来的巨大社会影响力，让我们非常震撼，建筑师的工作之于城市、之于社会、之于历史的作用是如此巨大，这让我们年轻的心不能平静，不禁回顾起和张锦秋总建筑师在华夏所奋战的历程。

改革开放后的中国建筑设计面临世界各种建筑思潮的冲击和商业化的刺激，出现了"千城一面"的现象，建筑的地域性迅速丧失，对探寻传统传承创新的建筑思想斥之以"复古，大屋顶"。在这种浪潮下，张锦秋院士以超强的自信和远见坚持现代建筑地域化的道路，在传递中国的进步与现代化的同时又保有传统特色，在全球文化趋向同质化的危机中，以自身文化的独特传统来建立文化主体性。哈佛大学设计学院原院长彼得·罗（Peter Rowe）认为，张锦秋的建筑成功摆脱了当代中国建筑现代化论题中的"大屋顶魔咒"，有效地达成了"具有现代化内容但具有中国式的形式外观"的企图，是一种中国传统建筑的复兴（Chinese revivalist architecture）。调查表统计表明，喜爱张锦秋院士作品的观众比例达到95%，说明张院士一直坚持的中国文化特色道路和注重传统与现代结合的思想在民众中具有深厚的群众基础。

习近平同志在孔子研究院座谈会上的讲话指出："我们感到传统文化深入人心，是中华民族精神基因的传承。"不管时代如何进步与发展，中华民族拥有共同的文化灵魂，我们从参展观众身上深刻感受到了这一点。在观众喜爱的张院士作品排名中，被认为最具传统建筑风貌的陕西历史博物馆、大唐芙蓉园和三唐工程排在前三名。在对张院士作品贡献的评价中，认为张院士作品注重传统与现代结合的人数最多。人们从张院士的作品里体会到了从前只能在书本里读到的汉唐璀璨，体会到了中华历史文化的博大精深，看到了中国优秀传统文化在现代建筑设计中传承的力量。

国际建筑协会《北京宪章》写道："……建筑师必须将社会整体作为最高的业主，承担起义不容辞的社会责任……文化是历史的沉淀，它存留于建筑间，融汇在生活里，对城市的营造和市民行为具有潜移默化的影响，是建筑和城市的灵魂。"伴随着西安从中国西北内陆城市转型成为代表西部大开发的前哨点，由张锦秋院士设计的一系列项目，以"新唐风"精神带动西安都市标志性建筑的建设，带动文化观光与土地开发，为西安历史文化名城保护与发展指出了方向。在张院士的带动和影响下，西安有了一大批与城市风貌和谐的建筑，使西安形成了具有独特韵味的城市形象。很多西安市民亲历了这一过程，他们说："我们从小就在张大师的建筑作品里长大"，他们看着这座城市一天天地变化，对这座城市有着深厚的感情，这座城市既是他们空间意义上的"家"，更是他们情感意义上心里的"家"。他们生活在其中，从中感受到了美并快乐着，"为我们的城市有这样的建筑而自豪"（观者语）！

张院士建筑作品的使用者或体验者喜爱这些建筑，因为这些建筑融入了他们的生活，为他们带来了快乐，首先它是实用的，其次它是美观的，这种美是能被普通市民以及世界各地的游客所读懂的。展览期间恰逢国庆黄金周，大量的外地游客前来参观作品展，占到了总观众人数的61%，他们同样被张院士的作品所震撼，甚至把作品展当作了在西安的旅游指南。一位来自山西的游客不无感慨地留言说："城市因她的作品变得别样出彩。"

文化自信、文化自觉是一种责任，是建筑师必须承担的一种社会责任。从张锦秋院士的建筑创作理念和作品可以看出她在现代建筑与中国传统文化结合上的艰辛探索，不但为我们年轻一代的建筑师指明了前进的方向，同时也向在全球化浪潮中迷茫的年轻中国人展示了中国文化的魅力。本次展览，观众中40岁以下的年轻人比例占78%以上，这其中有跟随父母来参观的小学生、中学生，专程来集体参观的大学生以及社会各阶层的年轻人，他们通过张院士的作品展上了生动的建筑课，体会到了中国传统空间之美，更加关注城市环境与地域文化特点及优秀传统文化的传承，对增强年轻人的文化自信起到了不可忽视的作用。

就在作品展举办期间，传来了陕西历史博物馆入选首批中国20世纪建筑遗产名录的消息。陕西历史博物馆历经25年的时间洗礼，其恢宏的气度和典雅的格调历久弥新，愈发焕发光彩，成为中国传统文化与时代相结合的完美范例。这启示着我们年轻建筑师们，要从中国博大精深的传统文化中汲取营养，在创作中体现现代建筑独特的中国内涵，完成时代赋予我们这一代建筑师们的历史责任和社会责任。

展览的最后一天，华夏所全体同志一大早便齐聚陕博，大家在曲江风景区的大模型后集体合影，记录下这段难忘的回忆。这次展览是我们这个团队的历史总结，也是我们这个团队继续前行的新起点。在张院士这面大旗下，我们应该继续脚踏实地地作设计，继续团结一致地创精品，沿着张院士倡导的"和谐建筑"之路再创佳绩！

（执笔人：吕成、魏佩娜、彭浩、张乃薇、李明涛、许佳轶、徐泽文、范小烨）

# 张锦秋的话

走着，走着，走到 2016，我竟然进入耄耋之年。这一年中对我个人来说最大的事情就是
"张锦秋院士建筑作品展"的举办。

元超曾多次向我提过办张锦秋作品展的想法，我总认为这事工作量太大，人力、物力、
财力、场地都是问题，所以一直没有当真。哪知西北建筑设计院领导全力支持，元超动真格
地干了起来。他们如此完美地选择了时间、地点：金秋十月，工程院土建学部的"一带一路
建筑发展论坛"，陕西历史博物馆。开幕那天看到陕西省政府、中国工程院、中国建筑工程
总公司的领导们亲切莅临，同行院士、大师们友好祝贺，许多过去在各种建设项目中接触过
的领导和业主，还有许多文化界的朋友，他们的热情参与，我真是百感交集而又难以言表。
陪大家参观展览、促膝恳谈之后是共度"长安月"这个"建筑师之夜"。夜色中的陕博庭院
格外谧美，诗意境界中设计师们的心更加贴近了。此情此景唯在西安。

在这里我应该致谢的人实在太多。首先要感谢的是陕西省文物局赵荣局长，是他提出省
文物局也应是这个展览的主办单位之一，并去陕博布置了这一工作。这座国家级博物馆在他
们全年布展档期紧张的情况下硬是把近千平方米的东展厅排出一个月供我们展览使用，并全
程提供了许多方便。这无疑使原本专业性很强的建筑作品展得以呈现在全社会、全国观众的
面前。感谢展陈设计和布展的团队，在元超总策划之下，在陕博展陈部董理主任的悉心指导下，
李照和郝缨这两位年轻的女建筑师成了顶梁柱。她们带领这个团队以热情、智慧、勇气打拼
出的这场展览得到陕博田景超馆长的赞扬："你们设计院的布展有明显的特色，注重空间。"
在整个夜以继日的筹备与布展期间，她们还克服了自己与孩子生病的种种困难。感谢黑蝙蝠
航拍中队李昌林队长，他们的摄制组从量大面广的拍摄中为展览编辑出的"张锦秋建筑作品
纵览"和八个专题使陈列厅中有声、有色、有动态空间。感谢摄影大家柏雨果教授，他率领
儿子柏扬在百忙中多次来展览活动现场和展厅拍摄了数以千计的照片，留下了可贵的摄影精
品。感谢华夏设计所的年轻人，在展品制作期间他们承担提供必要的工程设计图纸和相关资

料，在开展之前他们又主动请缨承担起一个月展场服务的志愿者工作，接待观众、认真讲解、社会调查，研究总结做得有板有眼。平时看来只会加班加点埋头在设计工作上打拼的他们，竟然这次释放出如此活力，可爱，可喜！该感谢的人还有许多，难以在此一一言表。

　　一个月的"演出"终于落下帷幕。承西安市城市展览馆好意，展品被安排到那里的一个专厅继续展览。现在这套展品在新"家"已布置就绪。在陕博的这场展览场景将不复存在，我向元超提出"把展览留在书上"的建议。这是对所有帮助者最好的酬谢，也是一个纪念。人老了，难免怀旧，时间一长，新"旧"就不断出现。在今后的日子里，我既要不忘初心，也要服从自然规律，在新形势下要转换好自己的角色，从台上转到台下，从场上转到场下，给年轻人当好参谋顾问，当好啦啦队。喜看新人辈出，河山展新颜。

张锦秋　2017 年春节

图书在版编目 (CIP) 数据

长安寻梦：张锦秋建筑作品展实录 / 赵元超主编 .
—北京：中国建筑工业出版社，2017.4
ISBN 978-7-112-20562-2

Ⅰ. ①长… Ⅱ. ①赵… Ⅲ. ①建筑设计－作品集－中
国－现代 Ⅳ.① TU206

中国版本图书馆 CIP 数据核字 (2017) 第 053515 号


责任编辑：费海玲 张幼平
责任校对：赵 颖 李欣慰


摄 影：柏雨果 桑 磊 田 勇 朱 宇
徐志安 王 东 吕 成 潘 婧
欧阳东 高 雁 李 照



长安寻梦
——张锦秋建筑作品展实录
赵元超 主编
*
中国建筑工业出版社出版、发行 (北京海淀三里河路 9 号)
各地新华书店、建筑书店经销
北京方舟正佳图文设计有限公司制版
北京雅昌艺术印刷有限公司印刷
*
开本：787×1092 毫米 1/12 印张：12²⁄₃ 字数：172 千字
2017 年 5 月第一版 2017 年 5 月第一次印刷
定价：180.00 元
ISBN 978-7-112-20562-2
(30214)